自然的超级食品——

迷你蔬菜乐活DIY

（修订本）

[新西兰]菲欧娜·希尔 著　曾雅雯 译

重庆出版集团 重庆出版社

First published in 2010 by

David Bateman Ltd

30 Tarndale Grove

Albany，Auckland 1230

New Zealand

Copyright ⓒ Fionna Hill & David Bateman Ltd

版贸核渝字（2011）第 81 号

图书在版编目（CIP）数据

自然的超级食品：迷你蔬菜乐活 DIY/（新西兰）希尔著；
曾雅雯译. —修订本. —重庆：重庆出版社，2014.11
书名原文：How to grow microgreens: nature's own superfood
ISBN 978-7-229-08767-8

Ⅰ.①自… Ⅱ.①希…②曾… Ⅲ.①蔬菜园艺②蔬菜
—菜谱 Ⅳ.①S63②TS972.123

中国版本图书馆 CIP 数据核字（2014）第 233807 号

自然的超级食品——迷你蔬菜乐活 DIY(修订本)
ZIRAN DE CHAOJI SIPIN MINI SHUCAI LEHUO DIY

（新西兰）菲欧娜·杀尔著　曾雅雯　译

出 版 人：罗小卫
责任编辑：陈渝生
责任校对：廖应碧
封面设计：重庆出版集团艺术设计有限公司·王芳甜

重庆出版集团
重庆出版社 出版

重庆市南岸区南滨路 162 号 1 幢　邮政编码：400061　http://www.cqph.com
重庆出版集团艺术设计有限公司制版
重庆三联商和包装印务有限公司印刷
重庆出版集团图书发行有限公司发行
E-MAIL:fxchu@cqph.com　邮购电话：023-61520646

全国新华书店经销

开本：787mm×1 092mm　1/16　印张：7.5　字数：130 千
2015 年 1 月第 1 版　2015 年 1 月第 1 次印刷
ISBN 978-7-229-08767-8
定价：29.80 元

如有印装质量问题，请向本集团图书发行有限公司调换：023-61520678

Contents 目录

"迷你蔬菜也许是这世上最古老的食物。我们伟大的祖先，很早就知道为什么要食用它们，今天的我们，只是再次学习这些知识。"

——罗柏·巴恩，科伯特生物系统公司

Contents 目录

可以吃的迷你蔬菜
Part 1

> "只种植室内盆栽植物并不意味着你不懂得园艺的精髓。我把自己视为室内园艺师。"
> ——萨拉·莫斯·沃尔夫

- 何为迷你蔬菜
- 亲手种植，好处多多
- 迷你蔬菜的料理搭配

Microgreens you can eat

如今，被誉为自然界超级食物的迷你蔬菜（Microgreens，又译作菜苗）已成为流行的健康美食的最佳配菜，世界各地的高档餐厅里，品尝新鲜菜苗也正成为新的饮食风尚。小小菜苗，营养丰富、色彩明亮、口感清爽、别具风味。

新鲜菜苗不仅可以在市场上买到，而且越来越多追求健康生活的人，开始在自家阳台上种植起来。

何为迷你蔬菜

菜苗是一种新型的室内迷你蔬菜，这一名称最早起源于美国。它们比芽菜稍大一些，但又比沙拉用的绿色蔬菜（小叶类蔬菜、可食用花卉和药草都是很受欢迎的沙拉材料）更小。在两片由子叶发育成的小叶片萌出之后，便可称为"菜苗"了。子叶是植物种子内极其微小的组成部分（完整的植物种子包含了子叶、胚芽、胚根等），当双子叶植物的子叶发育成两片肾脏形状的叶片的时候，最初的"叶子"就这样诞生了。不过真正的叶子其实不是这样的，它们是从植物的茎上长出来的。

◐ 羽衣甘蓝苗

◐ 意大利香菜苗

【 TIPS 】
通常情况下，在最初的萌芽阶段过后的一到两天里，在光照充足、湿度适宜和空气循环良好的环境下，菜苗的幼苗很快就长出来了。

菜苗与芽菜有何不同

菜苗与芽菜不是同一个概念，它们有以下一些显著的区别。

芽菜主要是发了芽的种子。我们食用的芽菜包含植物的种子、根、茎及尚未发育完全的叶子。芽菜大多是在潮湿、阴暗的环境下生长的。

与芽菜不同的是，菜苗无法在没有阳光的环境下生长，而且必须种植在土壤或土壤替代品中。

如果将一株植物的茎切断，只留下根，它就无法在水中继续生长，那么这样的植物就可以归为菜苗一类，而非芽菜。与芽菜相比，菜苗有更浓郁的香味，而且菜苗叶子的形状、纹理和色彩都有更多不同的种类。

亲手种植，好处多多

近几年，菜苗开始商业化生产，为家庭消费者提供了丰富的产品。不同国家、不同市场的菜苗各有不同，比较流行的有芥菜、水芹、荷兰豆嫩芽和用于榨汁的麦草。今天我们在农贸市场和一些高级生鲜食品店，都很容易买到想要的菜苗。

不过，在购买菜苗时你会遇到一个不得不重视的问题，它们多数都是装进盒子并用收缩膜包裹，在冷藏条件下经过长途运输才抵达零售商那里的，所以我们很难买到真正新鲜的菜苗。倘若我们能亲手采摘自己种植的菜苗，清洗后直接放入沙拉里，那将会是多么诱人的体验啊！

🌱 处于萌芽阶段的豌豆种子和小麦种子，它们即将成长为菜苗。

🌱 花椰菜苗。

🌱 种植在一个"废物利用"的彩绘食品罐（注意罐底必须带有排水孔）中的葫芦巴。

新鲜的才是最好的

亲手种植菜苗将确保我们得到高品质、无风险的食物。菜苗的叶子具有极高的营养价值和生物价值。在自己的家里种植菜苗，可以现摘现用，所以非常新鲜，而它们的营养和药用价值都完好无损。

菜苗在冰箱里也可以保存得很好，不过现摘的菜苗显然有更多的好处。在自家种植菜苗的另一个好处是，你可以根据需要来采摘适量的菜苗，避免浪费。

色彩、口感、风味

对于各种菜肴，不论是麻辣的还是温和清淡的，菜苗都能为其增添色彩，带来出众的口感并营造出更有特色的风味：豌豆嫩芽尝起来就像刚采摘的新鲜豌豆一样，而小萝卜苗则像萝卜肉一样鲜美。有的菜苗因具有诱人的外形、质地和色彩而受人欢迎，有的菜苗则凭借它们的口味和芳香体现价值，还有一些菜苗同时具备上述所有特点。

菜苗的种植周期很短，许多菜苗一周左右就可以采摘了，而且还可以在冬天种植，非常方便。

在从商店里买回来的蔬菜中加入一些菜苗，或者单独食用菜苗，都可以让你做出一份迥然不俗而且美味健康的沙拉。当然，菜苗的用途绝不仅限于烹调沙拉。

菜苗可以夹在三明治里，可以作为入汤、调料、馅饼、蘸碟、炒菜、披萨或面包的最佳配菜，还可以摆在开胃菜的盘子里做装饰。

因为有了菜苗，这些菜的色、香、味才显得那么超然脱俗。

省钱，而且有趣

在我熟悉了菜苗的种植技巧之后，我开始自己从事园艺工作。现在我可以在烹饪前几小时甚至几分钟才采摘正在生长中的食材，确保其新鲜程度。菜苗在室内也能生长，对环境没有什么苛刻的要求，因此与超市里成品菜苗的零售价格相比，自己种植菜苗是非常经济实惠的方案，而且种植菜苗几乎不需要什么特别的知识。亲手种植，不仅是最便宜的选择，而且最能体会收获的幸福，乐趣也非常多。

小空间回归大自然

种植菜苗不需要太大的空间，甚至在城市最拥挤地段的最狭小的公寓里，也可以顺利种植，体验播种与收获的乐趣。

这对单身贵族、二人世界这样的小家庭来说是个福音。当然，你也可以随着经验的增加而逐渐增加菜苗的种植数量。在拥挤、繁忙的城市中，"节省空间"和"获得新鲜、便利的食品"这样的概念是非常吸引人的。

对于那些像我一样只拥有一个狭小的花园，或是住在多层公寓里的人来说，将菜苗种置在阳台上那些漂亮的容器里或室外的小空间里，都是很棒的主意。在与我的厨房相邻的小阳台上，摆放着许多种植容器，那里就是我的"迷你私家菜园"。

我居住在一个荒芜、缺少绿色的大城市的中心，种植菜苗可以令我回归大自然的怀抱。用我的双手在泥土中劳作、亲自撒种并培育菜苗，使我与泥土更加亲近，也帮助我更加了解我赖以生存的食物。同时，我的精神和我的身体都得到了滋养与放松。

浓缩的营养价值

对于城市里面忙碌的亚健康人群，菜苗具有极高的营养价值，它富含各种维生素、矿物质和人体所需的酶。

在菜苗开始长出"人"字形的叶子时，其营养价值和口味都达到了顶点。

人们发现较之成熟的植物或种子，菜苗具有更高质量的浓缩活性化合物。（详情参见本书Part 4《小菜苗 大营养》）

把菜苗榨汁做成健康饮品，是帮助人们吸收活性化合物最方便的方法。当下最流行的饮品是被大家所熟知的麦草汁。做法简单，方便携带。上班的时候带上一瓶新鲜榨出的麦草汁，就能唤醒疲惫的身体。

迷你蔬菜的料理搭配

我初次品尝的菜苗是我妹妹雪莉从农贸市场买来的，尝过之后，我便欲罢不能。自那时起直到现在，我一直都在尝试着种植各式菜苗，混搭不同作物让我获得了不少乐趣，而且我还在不断地研究各种菜苗的营养价值。

第一次种植菜苗的时候，我热情高涨，一次性种植了很多品种，以至于最后长出的菜苗多得足够让整栋公寓的邻居们享用！

▲ 农贸市场中不同品种的菜苗。

一个空蛋壳，里面盛有培育土，上面长出了新鲜的芥菜。

口味

有些菜苗可以等到它们长出四片真正的叶子后再进行采摘。这些菜苗的种子在高密度条件下发育，因此其幼苗长得又高又直。它们的口感都很浓郁，但蔬菜苗和药草苗口味各异，而且它们的口味与芽菜以及拌沙拉用的菜苗也有很大的差别。

【 TIPS 】

罗勒苗的生长速度很慢，但最终的收获是很棒的，将罗勒苗与草莓配在一起享用，实在是绝妙美味！

△ 珊瑚萝苗

△ 以红色系菜苗为主材的原生态沙拉——红球甘蓝、紫罗勒和小萝卜苗。（详见本书Part7的菜谱）

　　在菜苗的不同生长阶段，其口味也不尽相同。叶子张开后，它们开始利用光合作用转换能量，此时菜苗的口味就会发生变化。我的经验是，当第一片叶子张开的时候，菜苗的口味最为浓郁。

　　美食家们种植菜苗主要是为了品尝它们别具一格的口味。很多时候，相比成熟的作物，菜苗的口味更加鲜美和清淡爽口。当然也有一些口味辛辣刺激的菜苗，可以与口味较淡的拌沙拉用的菜苗搭配在一起，或者将它们用做大型菜肴的重要配菜。

　　当然，最终还是得由食客们决定他们喜爱哪种口味的菜苗。我最喜欢的是小萝卜苗、芝麻菜和印度芥菜，不过我还在继续尝试和验证。在我的微型菜园里，我试图培育成熟的芝麻菜和罗勒时遇到了不少挫折，不过种植芝麻菜苗和罗勒苗时则较为顺利。罗勒苗的生长速度很慢，但最终的收获是很棒的，将罗勒苗与草莓配在一起享用，实在是太美味了！我在选择芝麻菜和罗勒苗的种子时要求有些苛刻，所以这两种菜苗常常长势喜人。

　　我会在水果馅饼或安慰食品（使人产生温馨感觉的爽心美食）中加入一些菜苗；在制作鸡蛋三明治时，加入少许洋葱、蛋黄酱以及大量的水芹苗和芥菜苗；在烤马铃薯到开始爆裂之后，抹上厚厚的鲜奶油，撒上胡椒粉，并加入马槟榔和一些花椰菜苗及山韭苗。这些食物都会因为有了菜苗的"助力"而倍感美味。

种植和采摘

菜苗需要种植在土壤或类似土壤的材料中，其长势还取决于日照条件和空气流通情况。在菜苗生长了7~21天，达到2~5厘米的高度，最初的叶子长出时就可以进行采摘了，采摘时一般只需切下菜苗露出土壤的部位。菜苗的生长周期很短，非常适合在夏天种植，因为夏天人们更喜欢外出活动。与打理普通的菜园相比，在阳台上种植菜苗更容易掌控，而且需要的时间和精力也更少。

本书着重介绍了25种菜苗，它们具有不同的口感、味道、形状和大小。当然，你不必每种都去尝试，只需像我一样，从中找出你的最爱来进行深究。

拌有芥菜苗和葫芦巴苗的鹰嘴豆——西葫芦沙拉。辛辣的菜苗与温和的蔬菜配在一起，堪称绝配。

【 TIPS 】
通常情况下，在最初的萌芽阶段过后的一到两天里，在光照充足、湿度适宜和空气循环良好的环境下，菜苗的幼苗很快就长出来了。

迷你蔬菜的神奇生长
Part 2

"植物给我们的肺和心灵带来了氧气。"
——琳达·萨利加图

Growing
microgreens

我是原生态的有机种子

所有的菜苗种子都应该是未经处理过的原生态产品，购买种子的时候要尽量选择信誉好的供应商。如果可以的话，最好选择那些专门用来种菜苗或芽菜的种子。这就意味着采购回来的种子只含有极少量的"异物"或其他物种的种子，它们很干净，而且质量也非常好。要尽量避免经过杀菌处理的种子，这会有污染的风险，因为杀菌剂和其他化学药剂都可能残留在未来采摘的食用菜苗上。豌豆与菠菜这两种植物的种子最容易遇到杀菌处理后的产品。

此外，一些国家诸如新西兰、加拿大与澳大利亚都要求特定品种的食用种子必须经过高温处理，这将导致这些种子再也不可能发芽。

有机种子的价格比无机种子更贵，但这是值得购买的。有的公司会同时销售这两种种子，而我往往会在同一家公司将两种种子都买上一些。种子通常是根据重量来计价的，并且会储存在密闭的容器里面。菜苗种子的包装都很大，需要一次购买很多，而我找到的供应商可以让我自由选择购买的数量。这样的好处是首次购买时可以少买一些，有更多的试验机会，并选择出自己最喜欢的品种。

很难准确测算出你的种子最后能够变成多少菜苗，不过毫无疑问的是，这种方法要比购买长好后采摘的新鲜菜苗有价值得多。自己种植不仅经济合算，甚至还会带来意想不到的巨大收益。

既环保又简单的生长容器

我在选择容器时会选择外观非常漂亮的，因为它们可以摆放在我厨房外的露台上，我一眼就能看到它们，当然希望它们看起来赏心悦目。用来种菜苗的容器可以选择再生材料，木质的或再生塑料制成的一次性的容器将会非常有用。

【TIPS】
我观察到一个非常有趣的现象："斐济羽毛"（一种豌豆苗的名称）生长到10厘米高的时候，其重量居然与过去生长到7.5厘米长时是一样的。

第一排（从左至右）：
羽衣甘蓝种子、亚麻籽种子、荷兰豆种
子、"公牛血"红甜菜种子
第二排（从左至右）：
绿豆种子、"坚济羽芭"芝
麻菜种子、珊瑚豌豆种子
第三排（从左至右）：
意大利胶芥种子、山葵种子、麦草种
子、水芹种子

🌱 种植在盆景碗里的葫芦巴苗。菜苗的生长不需要太多的土壤或浮岩，不过一个宽阔、平坦的托盘是很有必要的，可以为菜苗的生长提供尽可能大的空间。

浅又轻，方便移动

选择种植菜苗的容器时，首先应当考虑的三个关键词是"浅"、"轻"和"方便移动"。例如由再生塑料制成的食品托盘或食品罐，或者底部被戳了小孔的旧烤盘。容器宜浅不宜深，同时底部有孔便于排水，这些都是选择好容器时的关键。

种植菜苗不需要用太多的土壤或浮岩。如果你本来就拥有大水罐（可以装很多土壤或浮岩）这一类容器，并且你也很想利用它们，这样也没关系，不过大量的土壤其实是被浪费了。宽阔、平坦的浅盘要比又高又深的容器好得多，因为前者可以提供最大的生长面积。（豌豆比较特别一些，它们会生出很长的根，以至于种植过豌豆的土壤会变得易板结、无活性，很难再度投入使用。不过，种植豌豆也没有必要用很深的容器，那样反倒浪费更多的土壤。）

排水系统至关重要

请牢记这一条，每一个种植用的容器都需要准备排水系统，这也是植物健康生长的关键因素之一。如果没有排水系统或者做得不好，那么菜苗就很容易出现霉变、腐烂的现象，即使能存活一般都很矮小。如果你把种植用的容器放入合适的支撑物里（如本书第93页的图片所示），这样就有利于给植物补水，而且支撑物还能持续保持水分，从而让植物更好地吸收。不过，千万不要让植物的根部在水里浸泡太长的时间。

卫生条件也是你需要考虑的环节。在一种作物收获以后，你最好先用漂白剂清洗一遍容器，再为下一次作物的发芽做准备。

变废为宝的各式容器

如果不考虑美观因素，那么旧的蘑菇盒就是一种很理想的种植容器。你还可以在浅篮子的内部衬上一层聚乙烯塑料膜（专门的园艺商店一般都有硬质聚乙烯膜出售），或者在篮子内部嵌入一个塑料托盘。如17页图中种满了菜苗的木制小篮看上去就是一件可爱的礼物，不过，这个没有任何内衬的木篮很可能被腐蚀而不能使用。

这时候就要发挥我们变废为宝的动手能力了，把一些不再有用的较大的食品罐重新喷漆，尽管它们"庞大"的空间有可能装入过多的不必要的土壤。而小型食品罐则很适合让孩子们来感受种植的乐趣，比如沙丁鱼罐头的形状就非常完美。要记住的是，每一个食品罐在使用前都需要在底部戳上几个小孔。在本书第91页的图片中，我们将一个去掉了底部的塑料醋瓶子罩在种了菜苗的食品罐上，这样就打造出了一个微型的"温室"，保护我们的菜苗不被小鸟偷吃。

我们可以从二手园艺市场买到便宜的塑料托盘，这可是个好东西，对于想种植大量菜苗的家庭来说，托盘尤其管用。很多苗圃都会出售一些大托盘，不过这些托盘对于多数家庭用户来说还是太大了些，我们种植菜苗需要造型较小、数量更多的托盘。

陶制花盆尽管看起来很不错，不过它们易导致水分快速流失。陶制花盆会从土壤里吸收水分，很快便蒸发到空气中，其内部环境不是很适合菜苗的发芽与生长。不过，你可以在陶制容器内部铺一层塑料膜，这样就可以避免水分流失过快，但注意不能堵住花盆底部的排水孔，因此塑料膜也得钻些小洞。塑料膜不容易降解和损坏，不过看上去似乎不那么环保。那些陶制的造型平坦的盘子很适合菜苗种植，我还将它们重新喷涂了我喜欢的色彩，使它们看起来更加可爱。

我最喜欢的种植容器是从一家亚洲超市购买的陶制浅花盆。此外，我还经常使用一种从亚洲商家那里买来的竹蒸笼，它们的排水性能很好而且十分可爱。要想让它们的内部环境保持湿润也是有办法的，我在蒸笼的盖子下面垫上了一层湿毛巾，这一招在促使种子萌芽的时期非常管用。

我经常把采摘的菜苗拿到农场去卖。为了把菜苗带到农场并卖掉它们，需要一些轻便实用的包装，可供我使用的容器很多，比如底部钻了孔的塑料快餐盒，以及从园艺市场买来的塑料托盘等等。使用这些容器的优点多多，买家可以轻松地带走它们，买多买少都很方便。对于只想买来感受一下种植乐趣的孩子，或只是买一点菜苗来尝鲜的买家，都会满意而归。

来玩格子游戏吧

如果你有条件在自己的温室里开辟一处空间供菜苗生长，那么木质的托盘就可以派上用场了。

1 先找一块大约一米见方的木质托盘，将边缘的地方简单处理一下，以免被刮伤。

2 再用钉子或螺丝在托盘四周固定一圈15厘米宽的木条包边，这样一来供菜苗生长的托盘就做好了。

3 你可以在托盘里垫上一层旧布条，再装满复合肥，并压紧它们。

4 接下来，将托盘的四边按相同的间距等分为几份并做好标记。

5 然后用几根细长的圆棒或薄竹条在复合肥的顶部做成一个网格状的分隔架，这样一来，就有了50个以上的方格。用这样的一整块托盘来种植各种植物，浇起水来也很方便。

6 你可以按一定的时间间隔往上述方格里撒下不同作物的种子，然后为菜苗的幼苗进行间苗（编者注：间苗又称疏苗，为保证幼苗有足够的生长空间和营养面积，在种子出苗过程中或完全出苗后，采用人为的方法去除多余部分的幼苗的过程，称为间苗），留下一些幼苗使其长成嫩叶（对于拌沙拉用的菜苗，每株幼苗大约需要2厘米见方的生长空间）。你也可以往所有的方格里都撒下同一种菜苗的种子，然后待菜苗的叶茎长出后，将叶茎和根一起拔出并种下其他的作物。撒种时应遵循"少量多次"的原则——每两周撒一次并按这个节奏持续下去。

🔺 麦草种在塑料容器里，再用纸盒子将容器套起来，这样握持起来就更加容易了。同时造型也更加有趣，更讨孩子们喜欢。

🔺 木质的花篮可以直接用来种植珊瑚萝苗。

在地面上生长

当然，你还可以将菜苗种植在你的室外花园里。但这样做未必是好事，因为紧贴着地面弯腰采摘小小菜苗可不是一件轻松的事。相反，如果菜苗种在容器里，你可以将容器搬到高度合适的板凳或桌子上，这时菜苗就非常易于采摘了。

尽管菜苗的最佳生长环境是在室内的容器中，不过它们还是可以直接种植在室外花园里。

非常有用的生长介质

用以食用的菜苗非常柔软和娇弱，因此它们都需要生长介质的支撑。生长介质可以使种子周围保持足够的水分与氧气，而且不会出现"被水浸泡"与"过于干燥"这两种不利于种子与菜苗生长的问题。

种菜苗时需要利用到的材料可谓是多种多样的，比如纸巾、麻布床单、珍珠岩、蛭石、石棉，以及专业的菜苗种植垫等等。

需要注意的是，一些松散的介质会在最终的菜苗成品中留下一些颗粒状的污染物，需要认真清洗。

我自己的经验是种植菜苗时同时用到培育土与浮岩，我在后面给出的建议也是基于这一点的。

🔺 让孩子自己用培育土在塑料小勺中种植菜苗。

🔺 红三叶草种子只能种植在培育土中，而茴香种子应该种植在浮岩里。

【TIPS】
种菜苗时需要利用到的材料可谓是多种多样的，比如纸巾、麻布床单、珍珠岩、蛭石、石棉，以及专业的菜苗种植垫等等。

培育土

只使用培育土种植菜苗会造成一个麻烦：当采摘菜苗的时候，很难将它们清理干净，尤其是它们的根部，以至于很多时候我都将根部丢弃了。而且不同品牌的培育土在质量上也有很大的差别。你应该尽量去寻找品质更好的培育土，最好还能再增加一些海藻灰和贝壳粉。这样一来，你的菜苗就能生长得更加粗壮，它的产量也能大幅度提高。不同的培育土会导致不同的结果，个中差别足以让你感觉到不可思议。

浮岩

浮岩里生长的菜苗会显得很干净，只需刨开这些浮岩即可采摘菜苗，并且还能吃到整株菜苗，包括它的根部。不过，一些太小、太轻的浮岩会被生长中的菜苗茎顶得七零八落，所以需要经常重新摆放它们。

一些园艺商店会销售经过了打磨和无菌处理的浮岩，这些浮岩非常适合用于"水培法"。顾名思义，水培法就是用合适的营养液代替了传统的土壤。在传统的园艺工作中，植物都是生长在土壤中的，通过吸收土壤中的化合物而实现自身的养分供给。采用了水培法以后，园丁用营养既丰富又均衡的溶液取代了土壤，植物在这样的溶液中吸取养分毫不费力。

浮岩是水培系统里的一个重要组成部分，可以理解为"基础设施"。除了浮岩，还可以使用的材料有沙子、卵石或小碎石等等，这些材料都可以固定住植物的根部。值得一提的是，上述材料仅仅起到支撑作用，并不像土壤那样还能够提供养分。

这些介质相互之间能提供足够大的空隙，植物的根可以在空隙间自由生长，并从溶液中吸取养分。

浮岩本身还充满了小孔，这些小孔既可以保留水分，还可以保留一定量的空气，而这些水分和空气对于植物的生长都是很有必要的——请记住，根也需要呼吸！

事实证明，浮岩对菜苗来说是一种非常有用的生长介质。虽然我也会用到培育土，但我发现浮岩更加清洁，尤其是在受限的室内生长环境中。使用浮岩以后，我可以将菜苗整株拔起，上面不会残留任何难以清理的土壤，哪怕是根部的尖端。

不过，在栽培一些种子细小的植物时我依然需要使用培育土，比如罗勒，它的种子会通过浮岩的缝隙滑到底部去，不利于萌芽与生长。

到了今天，我依旧在不停地尝试哪些植物需要用培育土，又有哪些植物更适合生长在浮岩中，你也可以试试的。

水培法

在拉丁语里，"水培法"一词的意思是"在水中运转"。水培法是一种培育植物的新方法，用营养丰富的溶液取代了土壤，从而杜绝了土壤中的细菌与杂质。

在土壤里，有机物质分解成植物生长所需的盐类营养物。土壤中的水溶解了这些盐类营养物，使之可以被植物的根所吸收。为了让植物吸取均衡的营养，土壤中的各种物质都必须符合最佳比例，遗憾的是如此"完美"的土壤在自然界中是很罕见的。

采用水培法以后，人们可以手工调配营养均衡的溶液，这当然要比寻找完美土壤容易得多。因为这些溶液都是装在容器中的，不会流入土壤，所以不会对我们周围的环境造成影响。此外，在水培系统中只有极少量的水会蒸发到空气中。

在水培系统中，浮岩经常被用于固定植物的根部。浮岩本身充满了小孔，这些小孔既可以保留水分，还可以保留一定量的空气，而这些水分和空气对于植物的生长都是很有必要的。

用水培法种植的植物可以通过根部直接吸收营养液中的养分与水分，而且实现均衡的"饮食"。在水培系统中，根部较长的植物可以吸收更多的能量，长得更加枝繁叶茂。

这种方法不会对环境造成影响，简单易行，是名副其实的"有机栽培技术"。按我的经验，菜苗非常适合用水培法进行种植。

一步一步学播种
"混搭"的时候要区分生长速度

在同一个容器中培育不同植物的种子是非常棘手的，因为每一种种子都有各自独特的生长周期。如果你想尝试着混栽不同品种的菜苗，你必须牢记不同植物的生长速度是不一样的。举个例子，药草长得很慢，而萝卜苗却长得异常迅速。

由于生长速度各不相同，混栽菜苗有时可能会出现让你无法控制的结果。因此，对于你所种植的作物的生长速度，你应当加倍关心，熟知它们从发芽到采摘所需的时间。有的作物只需要8到10天，也有的需要3个星期以上。

还有一些因素会影响到作物的生长速度，如季节、生长空间（室内或室外）、温度以及阳光。芥菜和水芹是一对用来拌沙拉的经典组合，如果我想用混栽的方法种植它们，就应该先种植水芹，因为它的生长速度相对要慢一些。

事实上，最好的办法还是把不同的作物分别种植在不同的容器里，等采摘结束准备食用时，再将它们混合在一起。

这样播种就对了

1 预浸泡

豌豆、玉米、麦草种子的体积都比较大，在播种之前都需要进行预浸泡处理。预浸泡的具体方法是将种子浸泡在温水中，持续时间大概是24小时。并不是所有的种子都需要这一步骤。有的菜苗种子是带有黏性的，这就意味着如果将它们浸湿了，它们就会黏在一起，像果冻饼一样，非常麻烦。我常提到的水芹种就是这样的，所以它在播种前不需要预浸泡。

2 加入生长介质

现在可以往选好的容器中装填土壤等生长介质了。土壤深度达到4厘米就足够了。千万不要装太多的土壤，如果你的土壤表层都接近甚至达到瓶口了，那么当你浇水的时候，撒下的种子就会和水一起溢出来，流得到处都是。

还得注意的是不要把土压得太死了，否则菜苗的生长就会非常缓慢，最终的收获自然也无望。

🌱 豌豆与麦草种子正在进行预浸泡处理，这样可以使它们更快发芽。

🌱 发芽24小时后的豌豆与麦草种子。

【TIPS】
我还想出了一个好办法，待作物的子叶刚刚萌出时，先采摘一部分供自己享用，留下的则让它们继续生长，直至叶子饱满。

🔺 发芽24小时后的豌豆与麦草种子。一个小巧的竹制蒸笼，里面铺了一些浮岩，我的葫芦巴种子就在这里生根发芽。

3 播种

开始播种的时候，你需要使种子均匀地分布在土壤表面。你可以用手指抓起一小撮种子，抖动手指使种子陆续下落，就像用餐时轻撒胡椒面一样，简单易行。如果土壤比较肥沃，那你就可以将种子撒得更密集一些。

播种的密度，取决于你所选择的种子的大小以及种类。在哪些时候需要稠密地种植作物呢？如果你种植的作物可以在子叶萌出阶段就采摘的话，那你就可以密集地播撒种子。但是也不能随心所欲，如果过于稠密，作物就会长势不好，并且容易腐败，最终导致糟糕的收成。相反，如果你种植的作物需要待其长出饱满的叶子后才采摘，这时你就应该将种子撒得稀疏一些，并留给作物们更充裕的生长时间。

我还想出了一个好办法，待作物的子叶刚刚萌出时，我先采摘一部分供自己享用，留下的则让它们继续生长，直至叶子饱满。这样做的好处是，我不但享用了两种不同风味的菜苗，也可以较密集的撒种，提高综合产量。

当你把种子撒在土壤表层的时候，可以轻压它们，使它们固定下来，不至于一遇到水就四处乱跑。但是你千万不要压得太紧了，太紧会导致种子萌芽、生根都很困难。

我一直都希望能准确地预知作物什么时候该采摘了，种子什么时候该发芽了，以及自己什么时候该再次播种了。然而说起来容易做起来难，现实中有太多的因素会影响到这一研究的结果。

🌱 将种子与培育土装入塑料小盘子里，上面再覆盖一层湿纸巾。

4 覆盖介质

在发芽之前，种子上面需要覆盖一些东西（土壤或其他生长介质）来确保它们处于温暖、湿润的状态（种子的发芽不需要阳光的协助）。

● 土层

对于一些细小的种子如羽衣甘蓝种子、芥菜种子和罗勒种子来说，最好是在它们上面覆盖一层薄薄的经过了筛选的细土（这时就不应该用浮岩了，浮岩太大太重），并确保每一颗种子都被覆盖到。

一般家庭的厨房里都会有过滤篮，用它们来筛选细土是很不错的办法。比较大的种子如豌豆和甜菜种子就不必那么麻烦，按合适的密度撒种后，再稍微用一点力将它们压进土壤表层就行了。如果浇水时冲走了部分种子，记得补撒一些。

● 毛巾或纸巾

与其用土壤覆盖种子促其发芽，我更喜欢的方式是用毛巾或纸巾覆盖，这样效果更好，而且更干净卫生。我经常用到的材料是用旧了的抹布（亚麻布、棉布或纤维布都可以）或厨房用的纸巾。

使用的时候，直接将这些抹布或纸巾盖到种子上，再浇上一些水就可以了，它们就像是湿润的"毛毯"。在种子发芽以前，这些覆盖物要保持湿润状态。

用毛巾或纸巾还有一个好处，你随时可以掀起它们的一角，检查种子的发芽进度。

毛巾需要经常清洗，否则很容易滋生细菌或发生霉变。毛巾要尽可能地光滑，不要有太多绒毛或线团。有一次我用了一块看起来不错的棉布，但它的背面就很不光滑，以至于很多种子发的芽与棉布缠绕在一起，当我掀起棉布检查时，一些种子也被带起来了。

一定要给种子足够的水分，水分不足的话，种子很可能无法发芽，或者长势很不好。记住，在种子发芽以前，让它们时刻保持湿润。

将湿纸巾搭在装有种子的容器上，上面再覆盖一层塑料膜，确保种子处于潮湿的环境。

保持干湿平衡的覆盖物

种子发芽以后，你还需要用新的覆盖物覆盖整个容器（以前用的毛巾或纸巾依旧留在原地）。

覆盖物可以加速种子的发芽与初期生长，并帮助作物保持在一个温暖、湿润的生长环境中。这实际上就相当于一个小型的温室，可以为作物提供一个相对稳定的生长环境。

当外界经常刮风，并且日夜温差较大的时候，这种"温室"尤其管用。

当然，"过犹不及"在很多时候都是存在的。你还得注意控制湿度，湿度太高的话，作物还是有霉变的可能，因为覆盖以后空气流通状况就不是很好。此外，如果作物经常受到阳光的直射，那你还得经常检查它们，确保覆盖物以下的空气不要太热甚至有蒸汽产生——作物可不需要"桑拿浴"。

干净的塑料布（膜）就是很不错的覆盖物。我自己就用了一个很薄的塑料浴帽将毛巾与容器一起覆盖起来。食品保鲜膜加上橡皮筋也是一个不错的主意。此外，一小块玻璃其实也是可以的，但千万不能被阳光直射，否则玻璃会被晒得很烫。

大多数园艺商店都会出售相关的塑料制品，你也可以通过网络购买需要的覆盖物。

🔺 一张潮湿的棉布可以帮助种子完成发芽过程，并且在发芽以后还能继续发挥作用。你要随时查看种子的状况，潮湿的环境很容易让种子发霉。此外，棉布要尽可能光滑，否则种子的芽就会和棉布缠绕在一起，造成麻烦。

小小菜苗更需要养分

菜苗对营养的需求与芽菜相比是有区别的，芽菜只需要简单地用水浸泡就可以了，不需要添加其他营养物质，因为芽菜的生长周期很短，而它们的种子一般都准备了足够的养分。而菜苗就不同了，菜苗一般都需要生长较长的时间（相对于芽菜而言），直到第一片真正的叶子长出为止，有时候还更久。因此，菜苗需要一定数量的营养液帮助其生长，直到达到可食用的要求。

及时添加营养

最开始的时候，菜苗种子的发芽过程只需要有水就可以了，如果在这个时候添加一些盐类营养物反倒会让它们出现一些问题。

当子叶萌出种壳，清晰可见，并逐渐变绿的时候，就表示种子自身提供的营养物质已经基本耗尽了。从现在起，小菜苗开始进行光合作用，因此它的根需要从外界吸收营养。

薄薄的一层培育土就可以为菜苗提供14天左右的营养物质。如果你采用的是无土栽培环境，只有一些浮岩做支撑物，那你就需要增加一些比较通用的植物生长营养液，而营养液的浓度则必须参照说明书。

提供健康的水质

你给菜苗提供的水必须是高质量的，因为水很可能会"携带"各种动植物细菌，而这些细菌将会污染它们。

自来水一般都经过了消毒处理，用自来水灌溉作物基本可以放心，但自来水也含有一些对作物生长不利的物质，如"氯"等等。为了确保你的作物能健康生长，并且不被细菌污染，你最好选用干净的饮用水灌溉你的作物，比如凉开水或纯净水。

保持湿润

在种子的生长过程中，你需要一直确保它们保持湿润。其实，只要你正确利用了毛巾、纸巾这样的覆盖物并使它们保持湿润，那么它们下面的种子也可以保持湿润。在种子发芽以前，湿润的覆盖物是必不可少的。当种子发芽以后，强有力的芽苗很可能将覆盖在上方的毛巾、纸巾或土壤（如果种子是种植在土壤里的）顶起来，这时你一定会充满成就感。

与湿毛巾相比，容器中的土壤更容易干涸，所以后者需要你一天浇两次水。浇水的时候，你要尽可能防止种子上层的泥土被水冲走。经常浇水，可以保持种子旺盛的生命力。

有的作物，比如小萝卜苗，生长了一段时间后，它的茎部会出现很多白色小绒毛。不用担心，这完全是正常的，不是霉变。

🌱 图中发芽的种子成功"度过"了需要覆盖的阶段，变成了小菜苗。生长在浮岩中的它们已经为未来做好了准备，具备了自我调节的能力，不再需要"特别护理"了。不过，它们的生长还需植物营养液的协助。如果只是单纯的浇水，不提供其他营养液的话，尽管它们不论是看起来还是吃起来都很不错，却无法为你提供充足的营养。

请给我"一米阳光"

　　菜苗有一个很显著的特点，那就是当它在阳光下生长时，它可以制造出更多的维他命C以及对自身生长大有帮助的植物营养素。这一点与芽菜正好相反，芽菜的一个典型特征就是它往往都是在黑暗中生长的。

　　⬤ 将白萝卜苗种植在一个送外卖用的塑料浅盘里，并在浅盘底部戳一些小孔以便排水，再将这个塑料盘放入一个陶瓷盆。这样的生长环境很不错吧！

适宜的阳光，并且温暖

　　尽管菜苗种子最初的发芽过程并不需要阳光，但是一旦芽苗长出，阳光就非常重要了。对于想成为最佳室内园艺师的你来说，要全年种植健康、新鲜的菜苗，屋子狭小、空间有限都不是问题，关键是需要拥有一两个有阳光的窗台或者阳台，这就足够了。

　　阳光很重要，但并不需要太多，幼小的菜苗需要的阳光就更少了，这就意味着其实你也可以将菜苗种植在窗户旁边，不一定非要在窗台或阳台上。

　　前面我们已经讲过，菜苗并不需要长到枝繁叶茂时才采摘，当它们长出第一片真正的叶子时，它们的营养价值与口味是最佳的。所以，它们的种植周期很短，菜苗也不像大型植物那样需要充足的阳光，于是标准又被进一步降低，只要阳光能照到的家里任何一处角落，都可以用来种植菜苗。

　　除了适宜的阳光，适宜的温度也很重要。我居住在新西兰，这里是温暖的沿海气候，从不会有极端的天气。夏季白天平均气温为23℃，冬季白天平均气温是14℃，而种子发芽的理想温度则是12.7~24℃。当然，不同作物的需求是不一样的，一般情况下，种子的外包装都有说明。

理想的空间安排

不论是在城区还是郊区，你都可以为菜苗的生长找到合适的位置。你以前从未设想过可以种植作物的区域，现在都可以利用起来，种植各种菜苗，比如天井、阳台、小花园、墙角和屋顶等等。

我将种植了菜苗的托盘放在一个多层结构的金属架上，再将这个金属架挪到小阳台，让我可以通过厨房的窗子看到各种菜苗的生长状况。除了菜苗，我还种植了一些草类植物，有的植物长得枝繁叶茂，并阻挡了我的视线，使我看不到阳台外面纷乱的城市交通环境。不过有些伤感的是，这毕竟还是自己骗自己，我无法改变自己居住在繁忙、嘈杂的市中心这一事实。

这个阳台就是我的私家花园，当我需要菜苗的时候，我只需走几步路就能采摘它们。我很喜欢这样的方式，我认为这比去距离较远的温室或室外花园要方便得多。

不过，我自己依旧在家附近拥有一个蔬菜园，因为很多蔬菜需要更大的生长区域，一个小阳台是不够的。

菜苗的生长实际上只需要很小的空间就足够了，而且它们可以最大限度地充分利用你的容器。图中右侧的陶制花盆里，这株长有"紫色血管"的植物只占据了花盆的中心地带，它的周围有大量的剩余空间，可以用来种植形态微小的罗勒苗。

【TIPS】
这个阳台就是我的私家花园，当我需要菜苗的时候，我只需走几步路就能采摘它们。我很喜欢这样的方式。

出来透透气吧

一旦种子发芽之后，它们的生长就需要阳光了，这时你应该取掉各种覆盖物，使作物们可以与阳光"亲密接触"。不过，有时候我也会保留透明的覆盖物，以防止麻雀等小鸟的"光顾"。如果覆盖物还存在，那我必须经常检视作物，并掀起覆盖物透气，防止生长环境过于潮湿。

菜苗一般都需要7到14天的阳光照射，直至可以采摘，不同种类菜苗的需求各不一样。这主要取决于菜苗的生长速度，比如芝麻菜就长得很快，而罗勒叶则长得比较慢。

作物需要水分，你可以通过用手指触摸容器边缘的土壤来检查水分是否充足。不过，过量的浇水并不好，更不要在正午浇水，那样会对作物造成毁灭性的伤害。

收获也是一门技术活儿

采摘

在你确定下一餐需要用到菜苗时，你就可以对菜苗进行采摘了，过早的采摘会使菜苗失去鲜度。

最好不要在一天中很热的时候（如正午）采摘菜苗，那样也会使菜苗快速变质。事实上，在大清早进行采摘是最好的，那时菜苗的叶子还很凉爽，这样菜苗的保鲜期就能更长一些。

▲ 在同一个容器中，印度芥菜苗、珊瑚萝苗与白萝卜苗相处得十分融洽。

如果在温度较高时采摘，就算没有阳光直射，菜苗还是很容易萎缩和变质。如果菜苗出现了萎缩，你可以试着用凉水浸泡它们，然而多数时候都于事无补。菜苗被采摘以后，营养就开始流失，所以尽量在一天中最凉爽的时候进行采摘，尽管有时候这很难办到。采摘时你需要适可而止，只采摘本次需要的分量，余下的菜苗让它们继续在土里生长。菜苗中富含各种维他命，菜苗被摘下后，维他命会随着时间的推移而迅速流失。

锋利的长刃剪刀是采摘菜苗时最好用的工具，就像理发一样，轻轻捏住并剪断它们。如果你剪掉了子叶以下的部位，作物就不会继续生长了。使用长刃剪刀可以避免伤害到作物柔弱的茎部，如果茎部受伤，作物的寿命也会受到影响。菜苗很娇嫩，采摘时需要特别用心，千万不要弄坏了它们纤弱的茎叶。

有的菜苗采摘起来比较困难，因为它们太软、太轻了。莳萝苗、茴香与水芹就是这样的，在采摘它们时需要小心翼翼。

🌱 种植在长方形瓦盆中的芝麻菜苗已经长好了，马上可以进行采摘了。

清理

采摘下来的菜苗在烹饪前不一定非要仔细清洗，很多时候只是过水简单冲洗一下即可。如果菜苗是种植在浮岩里的，一般都不需要清洗，如果是种植在泥土里才需要用水将泥土洗净。如果你是用纸巾覆盖法来种植菜苗，几乎都不再需要清洗。冲洗菜苗的方法如下：把菜苗装进塑料桶，摆在冷水龙头下面，然后打开水龙头进行冲洗。要留意冲洗下来的腐烂叶子、种子壳及泥土，它们会被水冲走，或是浮在塑料桶里的水面上，你需要将它们撇去。这样冲洗有点麻烦，但还是有必要的。冲洗完毕后，就将菜苗放在干毛巾上轻轻拍打，以便去掉残留的水分。

储存

菜苗柔软而娇嫩，很容易被空气氧化，如果处理与存储的方法不得当的话，菜苗的保质期非常短。如果采用冷藏法，菜苗一般可以保存3~4天，最长可以达到一个星期。不过罗勒苗的处理要复杂一些，因为罗勒苗很容易被冻坏，叶子很快褪色、变黑，从而加速变质。罗勒苗与罗勒叶对冷藏室的温度有一定的要求，必须高于4℃才能确保其不被冻坏。菜苗最好在密闭环境中保存，因此有盖的塑料瓶、可以封口的塑料袋都是很不错的工具。

荷兰豆的采摘方式
比较特别，只需采
摘顶部的嫩叶，而
它的根茎还可以继
续生长，为下一次
采摘做好准备。

菜苗种植小百科
Part 3

"如果你不浇水，作物就会凋零；如果浇水过量，它们又会腐烂。"

——纽华克晚报

- 为什么种子不发芽
- 为什么种子会黏在覆盖物上
- 为什么长出白色绒毛
- 为什么萌芽不均匀
- 为什么菜苗会腐烂
- 根茎细长而娇弱怎么办
- 叶子发育不良怎么办
- 叶子被晒伤怎么办
- 摘下的菜苗萎蔫了怎么办

Solving plant problems

为什么种子不发芽

使用在保质期以内的种子，这很重要！

存储的种子已经发热或者受潮了吗？如果是这样，那么这些种子的发芽也许会受到影响。

你是否是在合宜的温度下培育种子呢？举例来说，苋菜和罗勒的种子需要的是恒定温暖的环境。

如果你播种的频率很低，那么你是否确保播种的密度足够大？

你是否留下了足够多的时间让种子发芽？

水分不足也是影响种子发芽的因素之一。覆盖种子的纸巾必须足够湿润，从而使种子保持足够的湿度。不过，请注意不要使水分过量。

在种子生根之前，不必将整个种植容器内的培育土都用水浸透，此时关键是确保第一层培育土有充足的水分。

太高或者太低的温度也会影响种子的发芽率。正如前面所提到的，尽管不同的作物有不同的要求，但大多数种子发芽时的理想温度是12.7~24℃。你购买的种子适宜在怎样的温度条件下发芽呢？对于这个问题，请在播种前仔细研读说明书或找供应商确认清楚。

我自己也有过好几次失败的经历，而且苦于找不到失败的真正原因。不过令人欣慰的是，种植菜苗这样的微型作物，需要投入的资金、时间、空间和心力都不算多。在失败后，我往往会对可能导致失败的各个环节都进行调整，以求解决问题。不断尝试并发现错误的过程是很有意思的。

为什么种子会黏在覆盖物上

如果你想检查种子发芽的进展，只需轻轻掀起覆盖种子的纸巾的一角进行查看，不必掀开整张纸巾。如果发现种子和根已粘连在了纸巾上，就得立即将纸巾取下。

以下情景定会使你备受鼓舞：覆盖种子的纸巾已经离开土壤了！那是因为幼苗长出来后，将纸巾"举起来"了。这时，幼苗就可以在阳光下舒展它们的幼叶了。如果在这种情况下未能及时去掉覆盖用的纸巾，就会对幼苗非常不利，它们会长得像芦柴棒一样又细又弱，而且更容易腐烂和相互缠绕。

经过几次尝试之后，你就能把握其中的窍门。

【TIPS】
在种子生根之前，不必将整个种植容器内的培育土都用水浸透，此时关键是确保第一层培育土有充足的水分。

为什么长出白色绒毛

也许你会在幼苗的根部发现很多白色的绒毛，这种情况在小萝卜苗上最为常见，很多人会误认为这是霉菌。事实上，这并不是霉菌，而是在种子发芽阶段出现的正常现象，经过几次浇水以后，白色绒毛就会自行消失。

不过，阴冷、潮湿的天气如果持续过久，霉菌就真的会出现了。

【TIPS】
在炎热的夏日，每天清晨和傍晚各浇一次水就足够了；不过在天气寒冷的时候，这样的浇水频率可能会导致植物腐烂，所以只需每天早晨浇一次水。

霉菌与上述白色绒毛的区别在于：绒毛是颜色发白、长而尖的，而且环绕在根部；霉菌则主要覆盖在种子及土壤表面，而且看起来蓬松柔软。

根据我的观察，罗勒比较容易受到霉菌的侵害。

要精确控制种植环境很不容易，你可以尝试着将作物移到更温暖的地方。如果你已经发现了霉菌，就应该立即取下种子上的覆盖物，少量地洒一些水，并将作物移到有更多日照和空气流通更好的地方。

为什么萌芽不均匀

　　种子萌芽不均匀，可能有多种原因。首先应当回想一下，你撒种撒得均匀吗？撒种要慢，而且要尽量撒得均匀，这是很重要的。

　　生长介质的质量好坏也会影响萌芽的均匀性，你得注意生长介质的生产商是否在出厂前将其混合均匀。

　　培育容器的摆放位置也是影响萌芽均匀性的一个重要因素。容器是否有一部分处在阳光直射下，另一部分又在阴凉处？要知道，阴凉的环境是最有利于刚刚萌芽的种子的。

　　即使上述因素都考虑周全了，还是难免会出现某些批次的种子萌芽不均匀，萌芽时间不统一这类问题。不过无所谓，我仍然会培育它们，并将成熟的菜苗用做我的食材。因为我不需要将这些种子长出的不均匀的菜苗卖给挑剔的消费者，所以可以以较为轻松的心态来看待这些问题。话虽如此，如果自己花园里的菜苗长得均匀、平整、赏心悦目，心情自然会更加舒畅。

为什么菜苗会腐烂

　　导致植物腐烂的一个常见原因是过多的水分和过少的日照。

　　在炎热的夏日，每天清晨和傍晚各浇一次水就足够了；不过在天气寒冷的时候，这样的浇水频率可能会导致植物腐烂，所以只需每天早晨浇一次水。

　　自来水中通常都含有植物不喜欢的氯，你可以使用净水设备滤掉自来水中的部分氯。土壤或其他生长介质的pH值（酸碱度）是另一个可能导致植物腐烂的因素。不过，我没有做那么复杂的研究，因为我打理的仅仅是果菜园，而非科学实验室。通常，种子培育土的酸碱度就比较合宜。

KALE

La Salade

【TIPS】
霉菌与上述白色绒毛的区别在于：绒毛是颜色发白、长而尖的，而且环绕在根部；霉菌则主要覆盖在种子及土壤表面，而且看起来蓬松柔软。

根茎细长而娇弱怎么办

日照条件是造成上述情况的主要因素。我在盆栽棚里种了一些菜苗,菜苗在棚中不会被阳光直接照射。最后这些菜苗长得细长娇弱而且苍白,不过好在其食用价值并未受到什么影响。

如果作物生长的地方在一天中的大部分时间里都能与阳光亲密接触,这就非常理想了。我的阳台采光条件一般,而且风也很大,不过我并未因此而移动种植容器,因为我没有其他更合适的地方来摆放这些容器,所以我只得接受由此带来的后果。不过幸运的是我也有很多成功的时候。

叶子发育不良怎么办

导致这种情况的原因很可能是植物的生长介质缺乏营养。便宜的培育土和贵的培育土我都用过,最终我发现,一分钱一分货,用价格更昂贵的有机培育土种出的作物长得更好。质量较次的土壤不能提供作物生长所需的足够养分。浇灌菜苗的水的pH值也是一个影响因素。对于最后这点,我在前文中已经表明了我的看法。

【TIPS】
请务必记得不要在一天中最热的时候给植物浇水,这样很容易导致叶子晒伤。

叶子被晒伤怎么办

强烈的阳光也许会晒伤植物的叶子。这样一来,叶子会变得很难看,而且它们的机能也会受到损伤。

请务必记得不要在一天中最热的时候给植物浇水,这样很容易导致叶子晒伤。

如果在容器边缘的植物晒伤了,这可能是由于容器边缘的水分先被晒干了。对于边缘被晒伤了的植物,应该尽快将其除掉,以确保余下的作物不被影响。

摘下的菜苗萎蔫了怎么办

在采摘菜苗后,尽快用冷水对其进行清洗,然后装入一个密闭容器并放进冰箱里保存。它们可以在冰箱里保存一周左右而不致萎蔫、变质。不过,对于家庭种植者来说,菜苗可以现摘现用,就不需要在采摘后进行存储了。

小菜苗 大营养

Part 4

- 自然赐予的功能性食品
- 最佳的采摘时机
- 神奇的迷你食物

Nutrition

自然赐予的功能性食品

"功能性食品"是一个新兴名词，它指的是那些除了具备基本的营养价值、还具有增进健康、预防疾病等附加特性的食品。菜苗就属于这一类食品，因此菜苗的市场需求量增长得极其迅速。

人们发现，菜苗中浓缩活性化合物的含量比成熟的作物及作物种子都更高。来自澳大利亚加顿研究所的权威的生物学家蒂姆·奥黑尔称，研究表明，在多数情况下，植物的活性化合物主要蕴涵于植物的种子里（包括刚发芽的种子），而随着植物的生长，这些化合物的含量也会逐渐降低。换句话说，较之完全成熟的作物，菜苗具有一些更多的食用价值。

将菜苗做成保健饮品，能帮助人们更方便地吸收高浓度的活性化合物。

目前最常见的保健饮品是大家熟悉的麦草汁。在本书Part7中还会对菜苗食用方法做更多的介绍。

最佳的采摘时机

在菜苗刚长出"人"字形叶子的时候，其营养价值和口味都是最佳的。相比通常在阴暗处生长的芽菜来说，在阳光下生长的菜苗，含有更高浓度的维他命C和对健康有益的植物营养素。

果蔬类作物的营养价值还会受到以下这些因素的影响：生长介质的质量、采摘方法、采摘后的处理方式以及食用时的新鲜程度。

蔬菜一旦被采摘下来，就很容易变质，更不用说包装、运输时产生的挤压和存储时遭遇的不适宜的温度了，它们都会导致蔬菜更快地变质。存储时的温度决定了蔬菜流失养分的速度，对于易腐烂的菜苗来说尤其如此。

如果自己种植菜苗的话，就可以在烹饪前再立即采摘，而且最好在一天中最凉爽的时候采摘，这样可以保持菜苗的养分不流失。自己种植，可以确保你在一年中的任何时候都能吃到新鲜的菜苗，哪怕是在冬天也没有问题。此外，比起在市场上的售价，自己种植菜苗就显得非常便宜和划算了。最后，你还可以根据需要来决定采摘哪些菜苗，而另一些菜苗可以留在地里，让它们继续生长。

神奇的迷你食物

麦草苗是最为人们所熟知的菜苗，它富含多种有益健康的化合物。麦草苗汁是一种保健补品，饮用麦草苗汁能够降低血压和胆固醇水平，增加人体内红细胞数量，还能减轻人体内的血糖紊乱症状（糖尿病），并且可以预防某些癌症。

经研究发现，其他种类的菜苗，诸如亚麻苗、花椰菜苗及红萝卜苗，也有增进健康的功效。研究还表明，食用芸苔属蔬菜（也称"十字花科蔬菜"）能有效地预防癌症。这些蔬菜包括花椰菜、卷心菜、芥菜、芝麻菜等。

植物雌激素（也称"大豆异黄酮"）是一类存在于植物中的化学物质，它像雌激素一样，能预防某些癌症，还可以起到调节人体激素水平的作用。植物雌激素常见于豆类、谷物麸、亚麻仁、三叶草和苜蓿，三叶草和苜蓿的芽和苗中都富含浓度极高的植物雌激素。

🌱 红三叶草苗富含高浓度的植物雌激素。

🌱 与其他芸苔属植物（如花椰菜和卷心菜）一样，芥菜苗具有增进健康的重要功效。

"保健英雄"
花椰菜苗

花椰菜苗

花椰菜苗是"保健英雄"中的一员，它们含有一种被称为"莱菔子硫"（又名：萝卜硫素）的微量营养素，而这种微量营养素具有抗癌、抗糖尿病及抗菌的功效，据说它们能杀死引起胃癌和胃溃疡的细菌。

杰德·费伊（路易斯和多萝西·库尔曼癌症化学康复中心的营养生化学家，该中心隶属于美国马里兰州巴尔市的约翰·霍普金斯大学医学院）称，在日本进行的一项仅有50名实验者的小型试验研究表明，常吃花椰菜苗可以起到预防多种胃病的效果，甚至还可能预防胃癌。

研究证实，花椰菜苗中含有的莱菔子硫要比成熟的花椰菜高出20~50倍之多。

除了可以防治癌症，经常食用含有莱菔子硫的花椰菜苗，还可以帮助人们预防其他多种病症，诸如溃疡、关节炎、高血压、心血管疾病及中风等。

花椰菜的芽和苗是目前已被证实的唯一含有可靠数量的硫代葡萄糖酸盐（SGS）的农作物，SGS是在花椰菜中自然形成的抗氧化剂（抗氧化剂具有预防癌症和冠心病的功效）。约翰·霍普金斯大学的研究人员认为，包含莱菔子硫在内的多种植物素，都可以解释为什么富含水果和十字花科蔬菜的饮食对健康很有帮助。

富含水果和蔬菜的低脂饮食（比如花椰菜苗）含有丰富的维他命C和纤维素，可以帮助人体减少罹患某些癌症的概率。

其他芸苔属蔬菜

一项针对亚洲和西方的芸苔属蔬菜防癌潜能的研究表明，红萝卜苗、日本白萝卜苗及花椰菜苗是目前已知的最好的抗癌芸苔属蔬菜，研究还证实了红萝卜苗的防癌功效胜过花椰菜苗。深色的芸苔属蔬菜富含维他命、矿物质及抗氧化剂。卷心菜苗含有二吲哚基甲烷，这种化合物可以维持人体内的激素平衡，还能预防心血管疾病和治疗某些癌症。

亚麻籽

亚麻籽富含木脂素和$\omega-3$脂肪酸，前者对心脏有好处而且具备抗癌的特性。人们通过对老鼠所做的实验发现，木脂素能使某些肿瘤的生长速度减慢。亚麻籽还可以通过稳定血糖水平来减轻糖尿病的症状。来自美国国家癌症研究所的资料也表明木脂素具有抗癌的功效。

健康的消遣方式

其他一些菜苗也具有保健作用。比方说，研究已证实罗勒苗具有消炎、抗菌和抗氧化的功效。

此外，精神上的健康也是值得我们关注的。在自家规划并建造一个菜苗园是一次不错的体验，我们撒下种子，照料作物的生长并且享用新鲜作物，这对我们的身体和精神都是一种滋养。菜园能美化我们的生活环境，观赏自己的作物在园中健康成长的过程也是有趣而令人满足的。

25种纯天然的超级菜苗
Part 5

- 甜菜（黄甜菜、公牛血）
- 苋菜（湄公红）
- 罗勒（甜吉诺维斯、紫叶罗勒）
- 花椰菜
- 卷心菜（红球甘蓝）
- 细香葱（山韭）
- 欧芹（意大利欧芹）
- 三叶草（红三叶草）
- 玉米（爆裂玉米）
- 水芹
- 茴香
- 葫芦巴
- 亚麻（亚麻籽）
- 羽衣甘蓝（俄罗斯红甘蓝）
- 水菜（红珊瑚水菜）
- 芥菜（印度芥菜、黑芥）
- 豌豆（荷兰豆、斐济羽毛）
- 小萝卜（白萝卜）
- 芝麻菜（火箭生菜）
- 麦草

Nature's own superfood

　　我尝试着种植了很多种蔬菜和药草，它们的共同特点是都可以在菜苗阶段供我采摘和食用。有很多种菜苗可供我们种植，各国出产不同的菜苗，即使是同一种菜苗，在不同国家也有不同的名称。如果你想尝试更多种类的菜苗，你可以选择一些叶类作物，比如菠菜和羽衣甘蓝，像西红柿这样的果实类作物就不要考虑了。此外，药草也是不错的选择，不过它们发芽的速度相对要慢一些。

　　接下来我选择了一些在味道、口感、形状、颜色和营养价值上各具特色的菜苗进行详细介绍。

　　你可以先研究一下在你的居住地具备种植可行性的作物。(关于这个问题，你可以参见后面的内容。)在选择作物之前，你需要因地制宜，做一些必要的调查和研究。

　　购买种子时，你最好选择那些专门为家庭种植菜苗而准备的小包装的种子产品。市场上大部分的菜苗种子通常包装较大，以大批量销售。

Nature's
own superfood

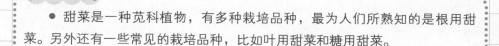

甜菜
（黄甜菜、公牛血）

【简　介】

● 甜菜是一种苋科植物，有多种栽培品种，最为人们所熟知的是根用甜菜。另外还有一些常见的栽培品种，比如叶用甜菜和糖用甜菜。

【功　效】

● 叶用甜菜的栽培历史非常悠久，可以追溯到公元前2000年的中东地区、地中海地区、印度及稍后的中国和欧洲。人们都知道甜菜具有抗氧化的功效，且富含维他命B_1、维他命B_2及维他命A。

● 甜菜的品种很多，在各国能买到的甜菜种子不尽相同，而且即使是同一种甜菜，在不同国家的名称也常有差异。

黄甜菜

黄甜菜苗

【简　介】

● 黄甜菜属于叶用甜菜，又名莙荙菜或瑞士甜菜。黄甜菜与根用甜菜属于同一物种，但在形态上却与根用甜菜有所不同。黄甜菜长有宽大的叶子，而根用甜菜则以发达的根部作为其主要特征。

● 黄甜菜的苗有着漂亮的黄色茎秆和深绿色的叶子。将其用在拌沙拉的配料里，真的是极美的点缀。

【栽种要点】

● 将黄甜菜的种子在水里浸泡24小时后再播种，可以提高出芽率和出芽速度。我认为种子培育土比浮岩更适合培育黄甜菜的种子，原因是其种子比较大，培育土才能更好地覆盖它。再者，由于其种子比较轻，较大块的浮岩会将种子压住。务必用浸过水的厨房纸巾将黄甜菜的大种子覆盖住，以保持种子湿润，若能再加一些海藻液就更好了。

● 使种子保持恒温，对萌芽最有好处。在种子萌芽之后，还得避免土壤过于湿润，否则作物容易腐烂。

● 如果种子壳还附着在菜苗上，最好等上几天再进行采摘。如果等待几天后仍有一些种子壳残留在菜苗上，就可以在采摘前先将壳轻轻剥落，或者在采摘后进行清洗时将壳冲掉。要尽可能贴近地平面进行采摘，以避免弄伤娇嫩的茎秆。

公牛血

【简　　介】

● 公牛血红甜菜是一种非常流行的根用甜菜，原产地是美国。其菜苗呈深紫红色，就连很幼小的籽苗也是如此，所以将其籽苗拌在蔬菜沙拉里是很棒的点缀。公牛血红甜菜苗吃起来有股淡淡的泥土味，这是由于土壤中的某些微生物会产生一种叫做土味素的有机化合物，这种化合物会被吸收到红甜菜苗里。

【栽种要点】

● 公牛血红甜菜所需的种植条件与前面介绍过的黄甜菜是一样的。将种子在水里浸泡24小时后再播种，可以提高出芽率和出芽速度。选择种子培育土而非浮岩，原因在于培育土才能更好地覆盖较大的种子。

● 务必用浸过水的厨房纸巾将种子覆盖住，以保持种子湿润。使种子保持恒温，对萌芽最有好处。在种子萌芽之后，要避免土壤过于湿润，否则作物容易腐烂。如果种子壳还附着在菜苗上，处理方法和黄甜菜是一样的。

【料理方法】

● 公牛血红甜菜苗是一种理想的配菜，可用于餐前开胃菜、三明治、汤及炖菜中。它可以放在密封容器中冷藏，不过为了确保更好的品质和口味，最好还是在采摘后尽快食用。

● 古罗马人栽培红甜菜并将其菜叶作为蔬菜食用，他们还用红甜菜治疗发烧和便秘。在俄罗斯食谱中，红甜菜的根及叶子都经常被用到，特别是在做汤的时候。

公牛血
红甜菜苗

苋菜
(湄公红)

【 简　　介 】

●苋菜是一种在干燥气候条件下生长的传统农作物，很多人称其为"超级农作物"或"未来农作物"。苋菜发源于美洲，曾是中南美洲早期文明阶段的主要农作物。希腊人注意到苋菜花朵常开不凋，故尊其为"不朽"的象征。苋菜苗的叶子呈美丽的品红色，具有浓郁的甜香味，且重量较轻，很适合拌在沙拉里。

【 栽种要点 】

●苋菜种子适宜在稳定的高温环境下萌芽，温度不得低于20℃，所以不适合在冬天种植，夏天才是苋菜喜欢的季节。相对稳定的温度也很重要，温度波动过大会导致种子发芽率低、出芽慢或作物发育不良。

●苋菜喜欢干燥的气候，所以不需要随时保持土壤湿润。依我的经验，较之浮岩这种生长介质，苋菜的种子更适宜在种子培育土中萌芽，主要原因是苋菜种子很小，很容易通过浮岩的缝隙滑到底部去，不利于其萌芽与生长。此外，在苋菜种子的萌芽阶段，纸巾覆盖法也是很奏效的。苋菜长得很快，可以适时切掉尖端的苗和叶，留下的根和茎又能够继续发育出新的苗和叶。

●如果在苋菜苗刚发育出子叶的时候就进行采摘，那么它们就会停止生长；你也可以等真正的叶子长出后，再进行采摘，此时口感会不一样。

【 料理方法 】

●在中国和越南，人们将苋菜的籽苗连根拔起，清洗后剁碎，略蒸一下后食用；在新加坡，人们先将苋菜的茎去皮，像吃芦笋一样食用；在美国，人们将苋菜的籽苗和羽衣甘蓝及其他一些菜苗一起食用；希腊人只吃用水煮过的苋菜叶，却倒掉汤，因为他们认为煮过苋菜叶的汤中含有草酸，而过量食用草酸会使人中毒；在南非及纳米比亚，人们喜欢将苋菜加入到玉米粥中食用。

湄公红
苋菜

罗勒
(甜吉诺维斯、紫叶罗勒)

【简　　介】

● 这是一种生长缓慢的柔软药草，在意大利和东南亚的菜肴中扮演着重要的角色。罗勒原产于伊朗、印度及其他一些位于热带的亚洲国家或地区，迄今已有超过5 000年的栽培历史了。

● 罗勒曾被尊为皇家植物，而且只有皇室成员才有权利用金镰刀去收割它。不过在另一段历史时期里，罗勒又被用作鞋匠作坊的标志性装饰物。

甜吉诺维斯

【功　　效】

● 科学研究证实，罗勒油中的化合物具有很强的消炎、抗氧化、抗癌、抗菌功效。另外，罗勒中含有的类黄酮对维持身体机能正常运作的细胞具有保护作用。

甜吉诺维斯

● "甜吉诺维斯"是一种最普通、最常见的罗勒品种。比起完全发育成熟的"甜吉诺维斯"罗勒，罗勒苗的口味更加清淡爽口，而成熟的罗勒则具有柠檬的味道，且比较甜腻。罗勒苗作为沙拉、汤或甜品的配菜，都是很不错的选择。你还可以尝试一下将罗勒苗加入到烩水果中，或是番茄汁制成的鸡尾酒里。另外，将罗勒苗放入草莓或橙汁里，都会显得清新悦目，十分好看。请参见本书Part7"罗勒苗拌草莓"的食谱。

【栽种要点】

● 罗勒是一种夏季药草，适合在温暖的恒温环境下生长。较大的温度波动会对罗勒的生长造成不好的影响，所以当夜晚气温骤降的时候，就容易出现问题。我在种植罗勒的过程中，气温变化过快或温度过低往往会给罗勒带来毁灭性的打击。罗勒的种子适宜在24~29℃萌芽，值得一提的是，我曾吃惊地发现罗勒种子在被雨淋湿后会变成蓝色！

● 罗勒植株离地面较近，如果你的罗勒是种植在土壤里的，那么在采摘的时候，要注意将泥土拂开。罗勒苗很纤弱，极易碰伤，所以采摘后尽量不要用水清洗。如果必须清洗，那就等到即将食用时再洗。此外，最好现摘现用，不能将罗勒苗放入冰箱储藏，否则它会变黑，对成熟的罗勒来说也是如此。

紫叶罗勒

● 这是一种观赏用的罗勒，它具有深紫色的籽苗。紫叶罗勒富有甜香味，可用在拌沙拉的配料里，还可以起到美化沙拉的作用。紫叶罗勒所需的生长条件与"甜吉诺维斯"罗勒完全一致。

花椰菜苗

花椰菜

- "我喜欢花椰菜苗，我常常食用它们，但不是每天。生活就是要多样化才有意思：我隔天便会吃一次蓝莓。"

　　　　　　　　　　　——美国约翰·霍普金斯大学的杰德·法希

【简　介】

- 芸苔属作物花椰菜苗种植起来很容易——事实上，它是最容易种植的菜苗之一。花椰菜有多个栽培品种及杂交品种可供选择。撒种的时候尽量撒得密一些，这样可以提高产量。采摘的时候，从高一点的地方摘断，这样摘下的叶和茎的长度就大致相当。若是让花椰菜苗继续生长，直至长出真正的叶子，此时吃起来口感就会又硬又老。花椰菜苗非常美味，与其他菜苗一样，它也适合用来拌沙拉，如果将其用在酿蘑菇这道菜里，也是很不错的选择。

- 花椰菜是由羽衣甘蓝变种而来的，原产于欧洲地区，意大利人最早开始食用花椰菜。法国历史上两位著名的皇后凯瑟琳·德·梅迪奇和玛丽·德·梅迪奇都曾将意大利美食引入法国，这样花椰菜、洋蓟及皱叶甘蓝这样的蔬菜就随之被引入了法国。

【功　效】

- 作为一种有益健康的蔬菜，花椰菜被誉为"超级食品"之一。它的脂肪含量很低，富含膳食纤维、铁、矿物质及维他命A和C。最近，有研究表明花椰菜具有抗病毒、抗菌及抗癌功效，这使得花椰菜立即成为大家关注的焦点。还有一些研究报告特别指出花椰菜可能有预防胃癌的功效。已有很多研究资料证实食用芸苔属作物可以预防癌症，这些芸苔属作物包括花椰菜、卷心菜、芝麻菜及羽衣甘蓝。"每天食用几盎司花椰菜的芽，就足以提高机体保护酶的活性。"美国约翰·霍普金斯大学的杰德·法希说："这种机理促使我们去思考化疗的保护作用是怎样产生的。"花椰菜的苗和芽具有同样的保健功效。

卷心菜
(红球甘蓝)

【简　　介】

● 卷心菜也属于芸苔属作物，目前已有颜色、大小、形状各异的多种种类。卷心菜是由一种多叶植物变种而来的，这种多叶植物原产于地中海，常见于沿海地区。卷心菜最早为古希腊人和古罗马人所知，并在公元纪年的第一个千年里逐渐成为欧洲常见的食物。

红球
甘蓝苗

【功　　效】

● 卷心菜富含维他命C，而且含有二吲哚基甲烷，这种物质可以平衡人体内的激素水平，能预防心血管疾病，可能还具有抵抗某些癌症的功效。此外，卷心菜似乎还有醒酒的作用（古罗马人是这样认为的）。

红球甘蓝

【简　　介】

● 红球甘蓝具有深红色或紫色的叶子，土壤酸碱度会对其叶子的颜色有一定影响。在不同的国家，红球甘蓝有不同的栽培品种，名称也不尽相同。红球甘蓝在农贸市场比较常见，而更适合它们的说法应该是"紫叶卷心菜"。

【栽种要点】

● 红球甘蓝有着卷心菜特有的淡淡清香、美丽而诱人的色彩、红色的脉络及紫色的茎。其种子萌芽很快，种植起来非常容易。如果你是将红球甘蓝种植在玻璃暖房里，就要当心毛毛虫的偷袭。此外，你还需要赶走被红球甘蓝的鲜艳色彩吸引来产卵的蝴蝶。

● 不要让红球甘蓝的生长时间过长，因为其色彩会逐渐变淡。与成熟后的红球甘蓝相比，红球甘蓝苗有着更香甜的味道和更柔嫩的口感。如果作物没有发生腐烂的现象，那么采摘和清洗都很容易。其种子的壳呈深紫色，跟土壤颜色相近，所以你很难从泥土中找到它们。

【料理方法】

● 将红球甘蓝、粉红色的苋菜和黄甜菜作为食材配在一起，颜色会非常好看。我还喜欢这样的组合：羽衣甘蓝、花椰菜和红球甘蓝。

山韭苗

细香葱
(山韭)

【简　介】

● 细香葱是葱科最小的植物，原产于亚洲、欧洲及北美洲。其富含维他命A和C、钙及铁，具有降低人体胆固醇水平、增强机体免疫力及抗菌等功效。

山韭

【简　介】

● 山韭苗虽然体积很小，但吃起来有着很浓郁的蒜味。山韭起源于中国的山区，又被称为野韭菜。

【栽种要点】

● 为了有更好的收成，撒种时应尽量撒得浅一些、密集一些，同时保持种子处在温暖、湿润的环境中。4~6周后，待山韭苗长到约5厘米高时，就可以用剪刀进行采摘了。

【料理方法】

● 山韭苗可用作装饰植物，也常用在菜肴里，用来替代葱末。山韭种子的萌芽速度要比其他多数菜苗更慢一些。将山韭苗用在沙拉、荤菜、汤和鸡蛋饼里，都是极好的配菜。

意大利
欧芹

欧芹
（意大利欧芹）

【简　　介】

● 欧芹是世界上最知名、出现频率最高的药草类作物，在中东、欧洲和美国的食谱中最为流行。欧芹分为卷叶欧芹和平叶欧芹两种，后者又叫意大利欧芹。欧芹的含铁量很高。

意大利欧芹

【简　　介】

● 意大利欧芹的叶子是平的，具有欧芹独特的香味，其深绿色的叶子与三叶草颇有几分相似。成熟的意大利欧芹叶常被用于制作炖汤用的香料。

【栽种要点】

● 种植意大利欧芹稍微要费心一些，它们的种子的发芽时间很不均匀，生长速度也很慢。在播种前，先将种子用温水浸泡24小时，这对它们的发芽会有一定的帮助。留给它们的生长时间应该足够的长，直至它们长出真正的叶子，不要急于采摘。采摘时要按需采摘，因为妥善地存储它们可不是一件容易的事。

【料理方法】

● 它们可以撒在意大利通心粉里，或加入三明治的馅料，也可以作为一种饰菜。如今平叶欧芹已经成为一种非常流行的食材，因为它的味道要比卷叶欧芹好得多。

三叶草
（红三叶草）

【简　介】

● 三叶草是一种豆科植物，豌豆属，与苜蓿有亲缘关系。有些品种的三叶草被作为动物饲料而栽培，白三叶草和红三叶草都在其中。三叶草生长繁茂，美味而且营养丰富。

红三叶草苗

红三叶草

【栽种要点】

● 红三叶草适合密植，撒种时应将种子密集地撒在种子培育土里。我发现某些时候红三叶草会突然迅猛生长，不过紧接着它们往往就开始慢慢腐烂了。这是因为它们长得太密集，水分不易流失，茎部和根部常常处于过于潮湿的环境。所以千万不要给红三叶草浇太多水，以免水分过多而腐烂。

【功　效】

● 红三叶草的营养价值绝对是一流的，自远古时期开始就一直被人们视为珍贵的药材。在19世纪，红三叶草因其能够治疗呼吸系统疾病、感冒、流感及一些传染病而广为流行。红三叶草还含有植物雌激素，这种激素常见于亚洲人的饮食中（源于大豆类食品），而且据说亚洲男子患前列腺癌的概率相对较低，正是由于这种激素的功劳。此外，红三叶草富含香精油、氨基酸、维他命及矿物质，可以帮助放松神经系统和帮助消化。

【料理方法】

● 红三叶草苗口感脆嫩而且带有淡淡的果仁味。我喜欢将其与其他菜苗一并加入到沙拉、三明治及手卷里食用。成熟后的红三叶草的叶子很美丽，长在纤细漂亮的茎上，有时看起来很像荷叶。

玉米
（爆裂玉米）

菜苗阶段的
玉米

【 简　　介 】

● 玉米原产于古代中美洲，然后传遍美洲大陆。15世纪末至16世纪初，欧洲人开始了解并种植玉米，此后玉米便成为世界各国的流行作物。

爆裂玉米

【 栽种要点 】

● 爆裂玉米（用来做爆米花的玉米）能够发育成菜苗。其种子较大，所以需要在温水中浸泡24小时后再播种。

● 我曾尝试过分别用浮岩和种子培育土来种植爆裂玉米，结果证明两者都是可行的。为防止嫩苗变绿，就得为其遮光。我的做法是将一个塑料桶倒扣在圆形的菜苗花盆顶部，除了浇水的时候，其余时间都不取下塑料桶。浅黄色的玉米嫩苗对光很敏感，所以一旦采摘下来，就要立即将其放入密封、遮光的容器中，以防止其变色。

【 料理方法 】

● 玉米苗味道诱人，其嫩黄的颜色也非常悦人眼目，所以极具装饰效果。玉米苗口感柔嫩，味甘甜，并有略酸的回味，品尝它的时候我总会联想起新鲜的甜玉米粒。

● 你需要赶在玉米苗还很嫩的时候就采摘下来食用，否则它的口感会变成纤维状，就不再那么柔嫩可口了。可将玉米苗拌在沙拉里，不仅如此，因为它们的颜色非常独特，所以也可以放在盛装菜肴的盘子里，作为别具一格的装饰配菜。

水芹

【简　介】

● 水芹是世上最古老的迷你蔬菜之一。你曾有过在湿润的吸水纸或茶托上种植水芹的经历吗？水芹是一种药草，与芥菜有亲缘关系，而且它们都具有辛辣刺激的味道。

● 水芹有好几个名称，包括独行菜和胡椒草等。水芹长得很快，外形像青草一般，叶片卷曲，原产于西亚和欧洲，目前已在世界各地广泛种植，其籽苗常被用在菜肴里作为装饰。

水芹苗

【栽种要点】

● 水芹那小而柔嫩的绿籽苗长在白色的茎秆上，籽苗非常娇嫩，所以在采摘和冲洗时都要尽量小心。水芹苗味道辛辣，适合放在三明治的馅料里提味，同时也是好看的装饰。在英国食谱中，人们常将芥菜苗和水芹苗拌在一起。还有一种传统而美味的吃法是将芥菜苗、水芹苗、蛋黄酱和新鲜研磨的黑胡椒粉拌在一起做成溏心鸡蛋三明治的馅料。水芹苗容易种植，所以很能激发孩子们的兴趣。

【料理方法】

● 如果你想将芥菜和水芹搭配在一起食用，记得在撒下水芹种子后的第四天再种芥菜，这样就可以在同一时间采摘它们的子叶或籽苗。

● 作为菜苗类作物，水芹和芥菜种植起来都很容易。它们也许是最古老的菜苗品种，千百年来一直被人们用在三明治和沙拉里。

茴香

【 简　　介 】

● 茴香原产于意大利，作为烹调用的药草，迄今已有几千年的栽培历史，在中国、印度和埃及的古文明里都对茴香有所记载。

● 细分起来，茴香有好几个不同的品种，不过它们都大同小异。对于完全成熟的茴香，其种子、叶子、头状花序和球状茎都可以食用。古罗马人曾将茴香嫩苗作为蔬菜食用。

茴香苗

【 栽种要点 】

● 播种前先将茴香籽浸泡一会儿，可以使其更容易发芽。撒种时，将其密密地撒在种子培育土的上层。播种后大约第十天，茴香苗就可以采摘了。如果让其继续生长直至长出真正的叶子，那时候的茴香看起来就会像柔软的羽毛一般，非常美丽。

● 茴香苗的口味与完全成熟的茴香一样，气味芬芳，有甘草的味道。与莳萝相比，茴香没那么辛辣，不过味道更甜一些，闻起来也更有芬芳的气息。茴香苗还有帮助消化、利尿和开胃的功效。

【 料理方法 】

● 茴香苗可用在意大利面食或披萨中；在吃过辛辣的食物之后，将茴香苗加在酸奶中，非常爽口怡人；将茴香苗拌在沙拉里也很美味。另外，本书Part7的食谱——土耳其卷也有用到茴香，请享用。

葫芦巴

【简　介】

● 葫芦巴的种子是一种常见的制香料的原料，咖喱粉、酸辣酱里都有葫芦巴种子。在印度，食用葫芦巴苗很流行，它的嫩叶和芽是很不错的蔬菜，而它的叶子晒干后又可以作为其他菜肴的香料。

● 葫芦巴是最古老的具有药用价值的菜苗作物之一。在阿拉伯国家也门，胡芦巴是主要的调味品，也是他们的民族特色食品萨拉塔（Saltah）的配料之一。阿拉伯语语"Hulba"和中国普通话的葫芦巴发音极为相似。葫芦巴同时也是伊朗名菜"香菜牛肉（ghormeh sabzi）"的四种主要配料之一。

【功　效】

● 作为豆科植物的一员，葫芦巴是一种流行作物，遍布于世界各地，它的种子还可以制成香料。葫芦巴苗营养丰富，尤其适合女性食用，而且还有助于消化。葫芦巴苗含有丰富的维他命E、维他命C、维他命B和维他命A，以及锌、钾、磷、镁、铁、钙等微量元素，同时也富含胡萝卜素、氨基酸和蛋白质。

【栽种要点】

● 尽管生长速度不算快，不过种植葫芦巴苗依旧是一件比较轻松的事，它们从发芽到采摘大概需要4周的时间。我每次种植葫芦巴苗都非常成功，我的经验是撒种不要过于密集，因为这种菜苗长得比较茂盛。

【料理方法】

● 葫芦巴苗有着漂亮的白色茎秆与嫩绿色叶片，它们吃起来微苦、回甜，并且多汁。我一般都用它们给平淡的生菜沙拉提味。我认识的一位印度食品营养专家向我介绍了一种吃法，将葫芦巴苗的叶子、新鲜的黄瓜片与牛奶混合在一起，再加入适量的盐和胡椒，既营养又美味。我自己有时还会做葫芦巴苗沙拉，只需加入一点点橄榄油和红椒，味道也很不错。

● 葫芦巴苗既可以生吃，也可以煮熟了再吃。传统名菜"马来西亚鱼汤"的配料就是葫芦巴苗、豌豆粉和泰国产的"年卜拉（nam pla）"鱼露。

葫芦巴苗

亚麻
（亚麻籽）

【 简　介 】

● 大家熟悉的"亚麻"实际上包含了两种形态的产品——亚麻苗和亚麻籽，起源于地中海及印度地区。人们用亚麻做成纤维制品已经有超过两万年的历史了，比如大家熟悉的麻绳的主材就是亚麻纤维。近年来，亚麻开始作为装饰性植物出现在了更多地方。

● 而从食用角度看，亚麻籽和亚麻油的重要性要比亚麻苗高得多。亚麻苗的营养价值比亚麻籽略低，不过经常食用亚麻苗对健康也很有好处，因为你相当于同时食用了绿色蔬菜与亚麻籽。

亚麻苗

亚麻籽

【功　　效】

● 亚麻籽的营养非常丰富，含有多种对人体有益的维他命、矿物质和抗氧化剂。此外，亚麻籽还富含木脂素、氨基酸和ω-3脂肪酸。木脂素可以保护心脏，而且还具备一定的防癌效果。食用亚麻籽还可以稳定血糖水平，缓解糖尿病。

【栽种要点】

● 由于刚发芽的亚麻籽有黏性，因此你如果想获得亚麻苗，可以待其长大一点再采摘，而不是在幼芽阶段采摘。亚麻不适宜种植在一个小口罐子里，因为亚麻籽很容易黏成一团，继而逐渐腐烂，你应该将它们种植在平坦的盘子或碗里。

● 亚麻籽有两个品种，一种呈棕褐色，一种呈金黄色，两者的特性和用途基本一致。播种时不要撒得太密，薄薄一层就可以了，种子和种子之间要有空隙。播种结束后，还应该在种子表层撒上一层细土。很快亚麻苗就长出来了，高度可以达到5厘米。采摘亚麻苗的最佳时机是种子发芽后的第6~8天，这时它们最初的叶子刚刚长成。存储时应将它们放入冰箱冷藏，保鲜期最长可以达到一周。

【料理方法】

● 亚麻苗的口感略微辛辣刺激，我一般都将它们作为沙拉的配菜。如果你的亚麻籽是买来食用的而不是种植用的，那么你可以将它搭配在多种食物里面，比如冰沙、酸奶、牛奶、果盘和糕点等，使其成为营养早餐。

羽衣
甘蓝苗

羽衣甘蓝
（俄罗斯红甘蓝）

【 简　介 】

● 羽衣甘蓝是一种蔬菜，它最大的特点是叶子有两种颜色——紫色和绿色。与卷心菜（红球甘蓝）不同的是，羽衣甘蓝的叶子不会长成球状。近年来，芸苔属植物的营养价值愈发受到人们的重视（详情请参见本书Part 4）。羽衣甘蓝也是芸苔属植物的一种，它们富含β胡萝卜素、维他命K和钙质。

● 在公元前4世纪，卷心菜和羽衣甘蓝就同时出现在希腊了。在《圣经》中被提及的萨贝利甘蓝，普遍被认为是现代羽衣甘蓝的祖先。直至中世纪末期，羽衣甘蓝一直都是欧洲大陆上最流行的绿色蔬菜之一。

● 在第二次世界大战期间，英国以"胜利掘土"为口号，鼓励民众耕种，共渡难关，羽衣甘蓝在那个时候扮演了重要的角色。羽衣甘蓝生命力强，生长迅速，易于种植，更重要的是，在当时那种食物配给缺乏的严酷环境下，羽衣甘蓝提供了很多常规配给食品无法提供的重要营养元素。

俄罗斯红甘蓝

【 简　介 】

● 俄罗斯红甘蓝是羽衣甘蓝的代表，在很多菜园里都能见到。俄罗斯红甘蓝的颜色会因为温度的不同而有所区别。在温暖气候条件下生长的甘蓝苗是亮绿色的，很清新。如果气候很凉爽的话，甘蓝苗的茎秆是紫红色，而叶子则是深绿色，对比很鲜明，也很漂亮。这是一种很易于种植，很适合在冬天种植的菜苗。

【 料理方法 】

● 这种甘蓝苗有着令人难忘的美妙口感，柔软，清香，鲜嫩多汁。它们有的是嫩黄色，有的是紫红色，前者的颜色像黄甜菜，后者则很像我们在前面介绍过的苋菜。我最喜欢的吃法是用甘蓝苗拌沙拉。此外，这种甘蓝苗因为颜色好看，很适合做某些菜品的饰菜，比如最后一部分会介绍到的米纸卷和土耳其卷。

水菜
（红珊瑚水菜）

【简　介】

● 水菜是一种起源于日本的芸苔属蔬菜，事实上它应该是芥菜的一种。在世界上不同的地方，水菜还有很多个名字，比如日本芥菜和加利福尼亚胡椒草等，据我所知至少有12种叫法。日本人在远古时代就开始种植水菜了，不过也有说法认为水菜的发源地应该是中国。水菜富含维他命C、叶酸和抗氧化剂。与其他芸苔属植物一样，水菜中含有硫配糖体，这种物质可以预防某些癌症的发生。

● 刚从种子里萌出的水菜籽苗的茎是白色的，子叶是亮绿色的。待其真正的叶子长出后，你会发现水菜苗的叶子是锯齿状的，而且很惹人喜爱。水菜苗的生长速度非常快，而且产量很高，因此水菜苗在市场的交易量也很大。产量高的另一个因素是水菜苗生命力强，很不容易发生病变。然而，我自己却遭遇过一次水菜苗腐烂的悲剧，我想那是因为我水浇多了。

红珊瑚水菜

【简　介】

● 红珊瑚水菜有很大一部分是酒红色的，看起来更加娇媚动人。它的口味和芥菜有些相似，但是更加温和。它的用途很多，菜苗可以用来做沙拉配菜，也可以用来搭配煮肉食，或是待其长出一些叶子后，用它们的叶子来做沙拉的主菜。

● 至于它的味道，可以说是既热辣又清新——实在是美味极了！

红珊瑚
水菜苗

芥菜
（印度芥菜、黑芥）

【简　介】

● 芥菜已经有超过5 000年的栽培历史了，它的种子和叶子都可以为人们所用。芥菜也有好几个栽培品种，大部分都是芸苔属。小小的芥菜子可以用来做香料，研磨后可加工成芥子酱，还可以用来榨油。芥菜叶则是很早以前就被人们当做蔬菜食用了。

● 我曾成功种植了下文即将提到的两种芥菜，而我在调料店也曾有过购买芥菜子的愉快经历。我所购买的芥菜子原本是用来作烹饪调料的，所以产品标签上只写着"芥子"字样，对其品种并无详细描述。不过，它们真的是太美味了！这些芥子又香又辣，不禁让人联想起了热辣的英式芥末，不过后者还是要略胜一筹，毕竟它会辣得人直淌眼泪。

印度芥菜

【简　介】

● 芥菜作为美味的蔬菜，广为大众所知。印度芥菜是一种草本植物，在中国菜和日本菜中都有用到。印度芥菜富含维生素A和K。

【栽种要点】

● 印度芥菜种植起来非常容易，其萌芽一般都很顺利，产量也很可观。如果你只选择一种菜苗来种植，那么印度芥菜就是当之无愧的不二之选。印度芥菜苗每隔2~3周就可以实现一次从播种到采摘的循环，一年四季都是如此，它们也能适应寒冷的气候。

印度芥菜

【料理方法】

● 人们将芥菜和水芹这一对"美味搭档"用在三明治和沙拉里已有好多年了，印度芥菜在其中起到了很好的提味效果。

● 我曾让一些印度芥菜苗生长得更久一些，直至它们长出脆嫩而富有弹性的茎，此时它们的茎有辛辣的味道。在本书Part7介绍的米纸卷中，就加入了印度芥菜苗，它与其他一些口味清淡的配料用在一起，起到了很好的提味效果，也为整道菜增加了特别的口感。将发育成熟的印度芥菜或其嫩苗用在菜肴里，都各有一番风味。它们的茎笔直而且富有弹性，所以用工具（比如剪刀）采摘起来毫不费力。

黑芥

【简　　介】

● 芥菜原产于南地中海地区，从远古时候起就开始栽植了。黑芥是一年生植物，多数情况下是因其种子可作香料而被栽培。在埃塞俄比亚，黑芥也被作为蔬菜，其嫩苗和叶子被烹饪后食用，其种子可用作香料。

● 就像其他所有品种的芥菜一样，黑芥也很容易种植。另外，各种芥菜都适宜种植在培育土或浮岩里。

【功　　效】

● 研究表明，食用黑芥可降低结肠癌、膀胱癌和肺癌的发病概率。黑芥富含抗氧化剂，如莱菔子硫。经常食用黑芥苗，可增强人体的防癌抗癌机能。

【料理方法】

● 做沙拉时，我喜欢将黑芥苗与一些口味清淡的蔬菜拌在一起。另外，我还喜欢在手卷馅料里，甚至是煎鸡蛋里放一些黑芥苗，它们能为菜肴增添不少活力。

● 我在花园里种了些黑芥，有时用来拌沙拉，有时用来炒着吃。黑芥可以长到60~120厘米高，顶部绽放着美丽的小黄花。

芥菜苗

豌豆
（荷兰豆、斐济羽毛）

【简　　介】

● 很长时间以来，豌豆苗都是一种广受欢迎的美食。豌豆苗吃起来又鲜香又清脆，口感既像鲜嫩的豌豆荚，又有些像刚长成的小荷兰豆，总之味道真的好极了！豌豆苗的茎秆长而脆，正是这部分的口感与豌豆荚十分相似。由于产地和习惯的不同，豌豆又被称为蚕豆、麦豌豆、糖荚豌豆或荷兰豆。

● 豌豆发源于西亚，是由野生豌豆变种进化而来的。希伯来人、波斯人、希腊人和罗马人相继将豌豆带到世界各地，到了今天，豌豆已经风靡全球。考古研究证实，豌豆最早作为"作物"而非"野味"，是在石器时代的瑞士乡村。在17世纪的欧洲，豌豆还是一种豪华的奢侈品。

【功　　效】

● 豆苗和豆芽都富含蛋白质、碳水化合物和维他命C，我们重点介绍的豌豆苗自然也不例外。不仅如此，豆苗和豆芽还含有丰富的维他命B_1、铁、镁、锌和烟酸。

【栽种要点】

● 如果要种植豌豆苗，应该选择未经化学处理的种子，因为杀菌剂和其他化学药剂可能残留在最终采摘的豌豆苗上。在播种前，豌豆最好用温水浸泡24小时。豌豆可以密植，撒种的时候可以撒上厚厚的一层种子。撒种后，你要确保种子上方还要覆盖一层薄薄的泥土，浇水时也不要把这层泥土冲走了。豌豆苗很密、很高、很直、很好看，它们有着白色的茎秆与鲜绿色的嫩叶。

● 不要一次性种得太多，要循序渐进地来。当豌豆苗长到5厘米高时，它们的味道是最好的。如果不小心让它们长得太高了，那就可以只采摘上半部分。不过，你还是尽量不要让这样的事发生，因为长得太高的话，它们的茎秆会很硬，叶子会很老，吃起来就不那么可口了。

● 豌豆适合在凉爽的气候下生长，如果你在炎热的夏季种植豌豆，那么应该把它们放到阴凉的地方，否则它们的颜色和口味都会变差。在寒冷的冬天品尝豌豆苗，可以让我们感受到春天的气息。它们是菜苗种植者的最爱，尤其是室内种植者，孩子们也非常喜欢这种既好看又美味的经典作物。

● 采摘下来的豌豆苗可以存储在塑料容器里，放入冰箱里冷藏。不过，新鲜采摘的豌豆苗总是最好的。

● 种植豌豆苗的时候，你尤其需要提防鸟类的"入侵"，因为它们和你我一样非常喜欢吃豌豆和豌豆苗。

● 麻雀不仅会吃掉豌豆苗的嫩叶，它们甚至会将豆苗连同下面的整个豌豆一起"偷走"。所以，我在种植豌豆苗的容器上扣了一个透明的塑料盖，这样小鸟们就无所适从了。为保险起见，我还在同一个阳台撒下了一些专供小鸟的食物，以便转移它们的注意力。老鼠也喜欢豌豆，你同时还得注意防范它们。

● 与其他菜苗类作物不同的是，豌豆苗可以重复生长，只要你采摘时没有将茎秆全部砍下，留下一部分，它们又会长出新的豌豆苗。清洗豌豆苗也很容易，简单地用水冲一下就可以了，因为采摘的豌豆苗离土壤表面有一定的距离，所以几乎不用担心会有土壤附着在上面。豌豆苗的嫩须不是很喜欢水，清洗后应尽快将它们晾干。

斐济羽毛
【料理方法】

● "斐济羽毛"很有个性，嫩嫩的豆苗上会长出独特的卷须，这种绿色卷须的作用是帮助豆苗寻找可以帮助自己生长的可攀爬附属物。"斐济羽毛"豌豆苗与荷兰豆苗很好区别，前者有绿色卷须，后者的叶子更多更大。"斐济羽毛"是一种地域性很强的作物，所以并不是每个国家都有。种植、采摘"斐济羽毛"豌豆苗的方法与荷兰豆苗基本一致。它们主要用于烹饪特色菜肴，因为它们的外观与名字很有个性，更重要的是不像其他豌豆苗那样随处可见。

荷兰豆
【料理方法】

● 不论是整个吃还是切碎后拌在沙拉里，荷兰豆苗都是异常美味的。与

"斐济羽毛"一样，它们的果实——豆荚都风味十足。如果你的豆苗长得太快以至于失去控制，待你采摘时已超出预期，那你可以用它们来做豆汤。荷兰豆苗充满活力的嫩绿色清新宜人，甚至与它的食用价值不相上下。将荷兰豆苗切碎后撒在豌豆火腿汤里，会使汤的鲜味更足，营养也更加丰富。荷兰豆苗尤其适合用来做米纸卷（本书Part7有详细教程）和蔬菜沙拉，味道一定能让你过口不忘。将荷兰豆苗加入到炒菜里可以提味，单炒荷兰豆苗（需要一些姜末和米酒）也是一道不错的佳肴。

荷兰豆苗

小萝卜
（白萝卜）

【简　介】

● 人类食用萝卜已经有很多年历史了，最早几乎可以追溯到史前时期。大约在公元前10 000年，亚洲人就发现了萝卜的生长规律——在合适的季节，将萝卜或大头菜埋回土里，它们又能继续生长了。公元纪年第一个千年里，萝卜已经是欧洲大陆上的流行作物了。

● 小萝卜苗是最容易种植的菜苗之一，不论所处的环境是温暖还是寒冷，它们都能健康生长。小萝卜苗的生长速度很快，而且不需要什么特别的照顾。在小萝卜苗还很小的时候就可以适量采摘嫩尖，还可以让它们长得更快。

【功　效】

● 小萝卜苗属于深色作物，它们富含维他命、矿物质和抗氧化剂（参见本书Part 4）。小萝卜苗与花椰菜以及其他芸苔属植物一样都是对人体非常有益的健康食品。

【栽种要点】

● 小萝卜苗的品种很多，颜色各异。我们常提及的珊瑚萝苗的叶子是充满活力的紫色，中间夹杂了一些淡淡的粉色，还有一种小萝卜苗有着华丽的粉色的茎部。你可以适时将太长、太高的茎叶切除，这样就可以让其余的茎叶均匀地享受阳光。阳光不仅可以促使小萝卜苗更好地生长，还可以让它们的颜色变得更加好看！因为小萝卜苗生长速度很快，而且种植成功率相当高，所以它们非常适合作为孩子们初次学习种植时的"道具"。我每次种植小萝卜苗都获得丰收。

● 在子叶阶段采摘的小萝卜苗非常柔软可口，而且色彩动人。如果等它们长大了再采摘，就会发现它们会变得有些坚硬，这时最适合的吃法是用来煮汤而不是直接食用。

【料理方法】

● 小萝卜苗的口味很重，辛辣刺激程度甚至和成熟的萝卜不相上下。它们体态娇小，口感清脆，不过还不至于一洗就碎，清洗它们并不困难。在清洗小萝卜苗的时候，你会发现很多种子壳漂浮在水面上，你需要用手将它们清除干净。

● 由于它们呈现出亮丽的紫色或粉色，因此非常适合用作蔬菜沙拉的"增色剂"。它们同样适用于装点三明治和汤类食品，还可以铺在盘子里做成好看的"菜垫"，盛装其他菜肴。你也可以试试用小萝卜苗来"润色"本书后面将要提到的原生态沙拉。

白萝卜

【简　　介】

● 白萝卜是一种起源于东亚的大型萝卜，因其颜色而得名。白萝卜苗很长很脆，茎秆是白色，叶子是绿色，味道辛辣而且刺激。与其他萝卜一样，白萝卜的生命力很强，生长速度很快，而且在培育土或浮岩中均能生长。

珊瑚萝苗

【功　　效】

● 白萝卜苗同样含有丰富的维他命、氨基酸、抗氧化剂和矿物质。最近进行的一项由澳大利亚工业渔业部昆士兰分部发起的关于22种芸苔属植物抗癌功效的研究表明，小萝卜苗、白萝卜苗和花椰菜苗是抗癌效果最好的三种芸苔属植物，相比之下，小萝卜苗与白萝卜苗的抗癌效果又要比花椰菜苗更胜一筹。

【料理方法】

● 白萝卜苗很适合用于做沙拉、手卷和三明治，也可以用来炖汤。

白萝卜苗

芝麻菜
（火箭生菜）

【简 介】

● 芝麻菜又叫火箭生菜、紫花南芥，原产地是地中海区域。在古罗马时代，芝麻菜就已经成为流行的沙拉配料，因此它还有个名字叫"罗马火箭菜"。除了做菜以外，芝麻菜也有一定的药用价值。

【栽种要点】

● 芝麻菜易于种植，生长速度很快，尤其是在凉爽的季节里，我自己在秋天种植芝麻菜就取得了巨大的成功。芝麻菜的种子在低温下也可以发芽，据我所知最低可以达到4.4℃。长成一片的芝麻菜苗很好看，就像蓬松的绿色地毯。芝麻菜的发芽与生长都比较迅速，因此它是一种非常普及的菜苗类作物。

● 如果空气不流通，芝麻菜苗就容易起斑而腐烂。由于小鸟很喜欢啄食芝麻菜苗，我就用覆盖物将容器覆盖起来，以阻止小鸟的侵袭，然而这却导致了部分芝麻菜苗腐败变质。此外，我认为还有一个原因是浇水过于频繁了，这同样会导致芝麻菜起斑和腐烂。

● 浮岩是一种很适合培育芝麻菜苗的生长介质。如果将芝麻菜苗种植在土壤里，那么清洗起来就会麻烦一些。芝麻菜的种子具有黏性，很容易和刚刚萌出的子叶粘在一起，你需要经常检查并打理它们。

● 清洗芝麻菜苗时需要小心仔细，因为它们的茎和叶都很脆弱。如果你浇水太猛，也可能损伤它们。当你发现浇水导致它们的叶子东倒西歪，就需要轻轻地将叶子扶起来，千万不要坐视不理。

【料理方法】

● 芝麻菜苗是沙拉中最有特色的调味品，它们口感辛辣、刺激，在三明治与披萨中也经常被用到。

芝麻菜
（火箭生菜）

麦草

【简　　介】

● 麦草其实就是小麦或大麦在幼苗阶段的称呼。麦草作为菜苗类食品已流行多年。尽管麦草是菜苗的一种，但人们在食用麦草时却将它的形态完完全全地改变了——麦草常常被制成健康饮品。

【功　　效】

● 麦草汁含有丰富的维他命、矿物质、蛋白质、叶绿素和酶。它几乎包含了人体所需的每一种氨基酸、维他命和矿物质，因此麦草汁也是一种为数不多的名副其实的"全营养食品"。

● 麦草的营养实在是太丰富了，30毫升鲜榨麦草汁的营养价值就等同于1千克绿色蔬菜。相同重量下，麦草中维他命C的含量比橙子更高，而维他命A的含量更是胡萝卜的两倍之多（注：上述数据中的麦草需种植在有机质土壤中）。麦草可以降低血压和胆固醇的水平，增加红细胞的数量，缓解糖尿病，还可以预防一些癌症。

麦草

【栽种要点】

● 种植麦草非常简单。播种前，应先将麦草种子置于温水中浸泡24小时，我就是这样操作的。撒种时可以撒得密集一些，最好的生长介质就是土壤。最后，不要忘了经常浇水。

● 与其他菜苗相比，麦草的生长时间更长，当它们尚未满足采摘条件时，种子里的营养成分早就耗尽了。因此，培育麦草时需要添加植物营养液。当麦草种子发芽后，你就应该每天为它们提供植物营养液了。植物营养液本身就包含了很多对人体有益的矿物质（比如硒和铬），麦草能充分吸收这些矿物质。

● 密植的麦草需要阳光，适度的阳光可以促进麦草中维他命与叶绿素的形成。

● 在我的第一次尝试中，一群麻雀发现了我种植的麦草，并且风卷残云般地吃光了它们。

● 当麦草的茎达到20~25厘米高的时候，就可以进行采摘了。采摘时只取整株麦草的上半部分就可以了。

【料理方法】

● 将它们放入搅拌机，制成麦草浆，每天饮用5~10毫升就足够了。浓浓的麦草浆可能并不好喝，你可以兑水制成麦草汁，并且最好是在吃饭的时候饮用，这样更有利于营养的吸收。

● 麦草浆/汁可以放入冰箱里冷藏长达一周的时间，它们的营养价值不会丢失。

让孩子们快来种菜苗
Part 6

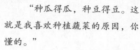

"种瓜得瓜，种豆得豆。这就是我喜欢种植蔬菜的原因，你懂的。"

——汤姆·琼斯、哈维·施密特

- 种瓜得瓜，种豆得豆
- 千奇百怪又超级可爱的容器
- 愉快的用餐时间到了

Children
growing
microgreens

种瓜得瓜，种豆得豆

种植菜苗是一个教孩子们学会种植、食用绿叶蔬菜的好办法，而且孩子们也能更直观地明白菜苗是从土里长出来的，而不是像过去那样，幼稚地认为菜苗就是从商店里买回来的。由于菜苗生长非常迅速，所以孩子们种植菜苗的努力很快就能见到成效，这样更能激发孩子们的兴趣——他们还来不及感到厌倦或是放弃，菜苗就已经长出来了。父母们，请选择能够迅速发育并且种植成功率极高的菜苗种子，交给孩子们种植，小萝卜、羽衣甘蓝或豌豆都是不错的选择。

在教孩子入门的时候，可以挑选一些有趣的小型种植容器，并准备好种类繁多的种子，这样做一定可以激发孩子们的兴趣，并使他们保持专注。

从种植豌豆入手就很不错，"斐济羽毛"及一些与之类似的菜苗都有长而细的卷须，长得很繁茂，看起来非常漂亮。它们整体都是可食用的，而且味道很甜美。萝卜苗也是很容易种植而且生长迅速的，不过它们的味道有一点辛辣。

千奇百怪又超级可爱的容器

透明的塑料容器很适合孩子们，如果采用浮岩作为生长介质的话就更好了，因为孩子们可以透过容器壁清楚地看到作物的根。用纸巾来覆盖种子，比用泥土更好，因为这样一来，孩子们就可以不时地偷瞧一下发育中的种子，而且观察它们怎样先长出根，然后变成幼苗。孩子们往往喜欢有趣的、古怪的、小巧的种植容器，下页中所列的容器随手可得。

愉快的用餐时间到了

等到菜苗可以采摘的时候，孩子们就可以亲自体验到菜苗如何变成餐桌上的食物！本书Part7所提及的米纸卷，就深得孩子们喜爱。米纸本身具有黏性，可以很容易地将各式菜苗裹在里面再卷起来粘好。

Part7提及的玉米芝士菜苗煎饼，做起来也很有趣。孩子们可以将面糊倒入各式曲奇模具中，将煎饼做成各种可爱的形状。食用时再蘸一些甜辣酱会更加美味。

在三明治、皮塔包、手卷或炸玉米卷中加入少许菜苗，会别有一番风味。如果是汉堡包这样的"大家伙"，则可以多加一些菜苗。

01

● 孩子们往往收集了一些空罐头，还在表面涂上了他们喜欢的色彩。可以用钉子在这些空罐头的底部凿出一些小孔以便排水，这样的空罐头就可以用作种植容器了。

02

● 试着采用硬纸板做成的蛋托，可在每个蛋格里种植不同的菜苗。很多蛋托都是能渗水的，所以蛋格里的水可以自行渗出，不会积水。菜苗的根会逐渐侵入较软的蛋托纸板，所以你还应该将蛋托放在一个坚固的浅盘上，以便固定蛋托和接水。

03

● 有些种子适宜种在浮岩里，故可将浮岩盛入一个亚洲风格的竹制蒸笼里，蒸笼底部的板条可以排水。这样一来，孩子们便有了一个有趣的容器。

04

可将塑料容器放入大小合适的不透水的碗里。

05

● 老式的搪瓷过滤器，由于有很多孔可以排水，而且外形奇特，很适合做种植容器。我们一般用这样的滤器来种植麦草苗，其实很多菜苗都适合用它来种植。

09

● 从旧货市场淘来一些圣代冰激凌杯，把芥菜苗种在杯子里，另外再种少许旱金莲，其叶子正好可以将杯上的商标挡住。

06

● 将一个塑料小花篮放入与之大小匹配的沙拉碗里，这样的容器由于十分小巧可爱，所以很适合给孩子们用。

07

● 苗圃或植物培育机构通常的做法是，将标准大小的塑料花盆放入与之相匹配的纸盒里，并在花盆底部和纸盒之间垫一些塑料膜，以防止纸盒底部被水浸湿。

10

● 我们小心翼翼地将生鸡蛋的顶部敲掉一小块，将蛋清和蛋黄倒掉，这样就可以往"蛋壳碗"里装一些培育土，然后在蛋壳底部再戳一个洞以便排水。各式菜苗都可以种在这样的天然容器里，不过我们需要经常浇水，因为蛋壳里的土壤不多，菜苗很容易缺水。女孩子们还喜欢在蛋壳上画一些有趣的脸谱。

08

● 收集一些小的塑料食品罐或塑料瓶，将其装入与之大小匹配的茶杯里。如果塑料罐或塑料瓶过高，就可以将其顶部切掉，仅保留合适的高度，这个操作起来非常容易。我们把红球甘蓝苗种在印有红球甘蓝图案的茶杯里，把红萝卜苗种在具有亚洲风情的白色小茶杯里，还把水芹苗种在印有维尼熊图案的茶杯里（女孩子喜欢养虎皮鹦鹉，水芹苗正好可以作它们的食物）。

11

● 用装肥皂粉的纸箱里常有的塑料小勺作容器，也可以种植少许菜苗样品，用这种方式得到的菜苗的数量刚好够做一份三明治。当然，同样别忘了在小勺底部钻一条缝以便排水，而且还得经常浇水，因为小勺仅能装很少很少的土壤。

草莓和芥菜苗。图中芥菜苗的种植容器是一个放在圣代冰激凌杯里的小塑料碗，另外还有一些用作装饰的旱金莲与芥菜种在一起。

原生态之健康料理
Part 7

> "你得在烹饪的同时品尝你自己的作品，如果一个人从来都不吃自己烹饪出的作品，那他绝不可能成为一个好厨师。我认为亲自品尝是掌握优良厨艺最重要的秘诀。"
>
> ——朱莉娅·查尔德

Recipes

未经任何加工、带着淡淡青草味的新鲜菜苗是我的最爱，甚至胜过了烹饪它们而带给我的快乐。它们柔软可爱、风格各异而且色彩动人。菜苗不仅生长过程充满乐趣，而且品尝起来也是一种享受。最后，菜苗丰富的营养价值更可以看做是它带给我们的又一项"福利"。

菜苗非常适合用来做沙拉，它们不仅可以作为沙拉的主菜，也可以作为沙拉的配菜，还可以放在拼盘里作为装饰。

做沙拉的时候，我会先选择一种生菜作为主菜，将它们撕碎后放入沙拉碗里，接着从冰箱里拿出一把冲洗过的各式菜苗，一些橄榄、酸豆和仔姜，一并放入碗中。因为我的阳台上随时都种有我最爱吃的薄荷和水芹，所以我再顺手摘些薄荷叶和水芹叶加进沙拉碗里。这时候，我会觉得眼前一亮，一道别具一格的沙拉就这样做成了！

绿芥菜一般都长得非常繁茂，我将其外层拔掉一圈后，剩下的如拖把头一样茂密的菜心都还够好几个人吃呢。

菜苗还可以用作三明治、手卷、汉堡包、馅料等的原料。如果已做好的菜品里还有足够空间的话，我会加一些菜苗进去，比如在做好的果馅饼里加一些芥菜和水菜来提味就是很不错的选择。还有些菜苗适合加进炒菜里，不过要当心，菜苗很容易被炒蔫，看起来就没那么悦人眼目了。在炒鸡蛋时，可以在鸡蛋快要炒好时再加入一些菜苗，然后翻炒几下后迅速起锅，这样便可以保证菜苗的鲜美。以上是截至目前我研究出的一些菜苗食用方法，以后我还会不断地尝试。

Recipes

【食　　材】

- 1个丁香大蒜
- 2汤匙（25毫升）初榨橄榄油
- 2杯红甜菜，去掉茎秆，将菜叶切成宽约1厘米的条状
- 1杯你喜欢的菜苗
- 6个大鸡蛋
- 1/4茶匙海盐
- 1/4杯磨碎的意大利帕尔马干酪
- 一撮辣椒粉

甜菜苗
煎蛋饼
4人份

【步　　骤】

Step 1

- 将丁香大蒜和1汤匙橄榄油倒入到一个直径约24厘米的平底锅里，开中火爆炒约3分钟，直至大蒜开始变黄。

Step 2

- 加入红甜菜并混匀，盖上锅盖焖煮约25分钟，直至红甜菜熟透并变成深绿色。在焖煮的过程中，记得偶尔揭开锅盖搅拌甜菜，以免其黏在锅底上。关火后，加入菜苗并轻轻拌匀。

Step 3

- 将鸡蛋、盐、意大利帕尔马干酪和辣椒粉放入一个大碗里，搅拌均匀。现在可以将烤炉预热。

Step 4

- 将余下的橄榄油淋在锅里的蔬菜上，搅匀它们，并确保它们不会粘锅。将碗里的鸡蛋淋在甜菜上，继续加热，直至大部分鸡蛋凝固（最顶层的约0.5厘米厚的部分不需凝固），这一过程大致需要4～5分钟。

Step 5

- 将锅从火上移开，放到离烤炉12.5厘米远的地方进行烘烤，持续1～2分钟，直至鸡蛋全部凝固。需要注意的是不要烤过头了。

Step 6

- 将锅从烤炉上移开，将一个盘子倒扣在锅上（盘子要比锅的口径更大），再将锅和盘子一起翻转过来，这样煎蛋饼就正好落在盘子里。将做好的煎蛋饼静置在室温下，待其冷却到合宜的温度时即可食用。

米纸卷

煮熟的基围虾或碎鸡块也可以加进米纸卷里，如果加一些红椒蘸料会更加好吃。

【 食　　材 】

- 1杯豌豆嫩苗
- 1杯印度芥菜苗
- 半杯泡姜片，将它们切成细丝
- 2个胡萝卜，切成长度合宜的细条
- 2根西葫芦，不削皮，纵向切成细条
- 2根香葱，切成细丝
- 1个黄甜椒（又名灯笼椒），切成细长条
- 金盏花、夜来香和琉璃苣的花瓣
- 12张米纸

米纸卷
6人份

【 步　　骤 】

Step 1

- 准备一块干净的湿毛巾。

Step 2

- 将整张米纸浸入温水中，待其开始变软时迅速取出（时间太长米纸就会融化），轻轻抖落米纸上残余的水分，平放在盘子里，用湿毛巾盖住，保持其湿润柔软。

Step 3

- 取一份馅料，盛装在铺开的米纸上。

Step 4

- 米纸裹住馅料，紧紧地卷起来，最外层可以洒一些先前准备好的花瓣，用做点缀。

Step 5

- 用湿毛巾罩住这些米纸卷，然后放入冰箱，等需要吃的时候再拿出来。

原生态沙拉

【食 材】

- 1/4杯西葫芦子
- 1/4杯葵瓜子
- 2茶匙茴香籽
- 1杯半混合菜苗——包括红球甘蓝苗、小萝卜苗和紫叶罗勒苗
- 1只甜菜头，剥皮并切碎
- 1根胡萝卜，切碎
- 1/4个红球甘蓝，切碎
- 半个红甜椒（灯笼椒），切成细片
- 半个洋葱，切成细片
- 1茶匙黑芝麻
- 1杯熟藜麦

【步 骤】

Step 1

- 将西葫芦子、葵瓜子和茴香籽混合在一起。

Step 2

- 用中火炒制它们，炒制时记得不停搅拌。

Step 3

- 炒熟、冷却后的种子再与其他配料混合。

Step 4

- 加入一些石榴酱（做法参见本书第105页），就可以食用了。

原生态
沙拉
6人份

【食 材】

- 4茶匙（20毫升）柠檬汁
- 半茶匙辣椒碎条
- 2茶匙（10毫升）鱼露
- 1茶匙白砂糖
- 2茶匙炸葱末
- 2茶匙炸蒜末
- 1杯菜苗
- 半杯煮熟的基围虾
- 茴香碎条
- 4茶匙（20毫升）椰奶

【步 骤】

Step 1

- 将柠檬汁、辣椒碎条、鱼露、白砂糖、炸葱末、炸蒜末和菜苗拌在一起。

Step 2

- 放入基围虾、茴香碎条，浇上椰奶，使沙拉更诱人。

Step 3

- 在沙拉顶部再撒上一些新鲜菜苗。

亚洲风味之
香辣菜苗
沙拉
2人份

酿蘑菇

【食　材】

● 两颗丁香大蒜，将它们剁成蒜蓉

● 1个洋葱，切成小碎块

● 6个大香菇

● 2片全麦面包，撕成面包屑

● 半杯烤熟的葵瓜子

● 半杯芝士（刨碎）

● 1把菜苗

● 2汤匙橄榄油

● 另外还可以用在本食谱里的食材有酸豆、凤尾鱼细片、剁碎的橄榄、腌黄瓜细片和辣椒等。

酿蘑菇
3人份

【步　骤】

Step 1

● 将蒜蓉和洋葱块过一下油。

Step 2

● 将蘑菇的茎部整块切下，并剁成碎块。

Step 3

● 将所有材料（除蘑菇顶盖外）混合在一起，作为馅料。

Step 4

● 双手沾点水，将混合好的馅料压实，并分成几份，每一份适合一个蘑菇盖。

Step 5

● 每一个蘑菇盖上都填满馅料，要填得尽可能的结实和均匀。

Step 6

● 将填满馅料的蘑菇盖放入烤盘，烘烤温度设定为180℃，时间以15分钟为宜，也可以按照个人喜好烤制更长的时间。

Step 7

● 烤好后，再往盘子里放入一些新鲜菜苗，并洒上一些橄榄油。

【步　　骤】

Step 1

● 将白砂糖放入温开水中融化，再加入上述所有材料。

Step 2

● 冷却即可。

Step 3

● 有了它，你做出的沙拉将充满魅力。

【食　　材】

● 半杯白砂糖

● 2杯（500毫升）温开水

● 1根肉桂条（5厘米长）

● 2块鲜姜
（每块约2.5厘米×0.5厘米），切碎

● 2茶匙小豆蔻，轻轻压碎

● 2茶匙芫荽子，轻轻压碎

● 10粒黑胡椒，轻轻压碎

● 1/4茶匙烘干的红辣椒片

格拉姆马沙拉
调味品与蘸料

【食　　材】

● 4茶匙咖喱粉

● 2茶匙（10毫升）凉开水

● 半杯（125毫升）食用油

● 2汤匙（30毫升）苹果醋

● 半茶匙蒜蓉

● 不到半茶匙的食盐

● 1/4茶匙黑胡椒

● 6杯菜苗

咖喱醋
调味品与蘸料

【步　　骤】

Step 1

● 将咖喱粉和凉开水倒入一个小碗中，搅拌直至成为糊状，静置5分钟。再倒入食用油进行搅拌，搅拌均匀后再静置5分钟。在接下来的一小时里，只需要偶尔进行搅拌。

Step 2

● 通过滤布将制好的咖喱油倒入一个小杯里，并将滤渣扔掉。

Step 3

● 将苹果醋、蒜蓉、盐和黑胡椒混合，加入过滤后的咖喱油，不停搅拌直至混合均匀。

Step 4

● 将通过上述方法制成的咖喱醋淋在菜苗上，再拌匀即可。

【食　　材】

石榴酱
调味品与蘸料

- 4茶匙（20毫升）石榴籽
- 果汁及一个橙子瓤（压碎的）
- 4汤匙（50毫升）橄榄油
- 海盐及研碎的黑胡椒
- 1汤匙研碎的薄荷叶

【步　　骤】

- 将上述所有材料混合均匀即可。

【食　　材】

红椒蘸料
调味品与蘸料

- 2茶匙红椒
- 1汤匙半姜块
- 3汤匙柠檬汁
- 4茶匙鱼露
- 3汤匙蜂蜜
- 1汤匙半鲜芫荽叶，切碎
- 1汤匙半黑芝麻
- 1汤匙半芝麻油

【步　　骤】

红椒蘸料

Step 1
- 将红椒和姜块放入研钵中，用杵捣10分钟，直至捣碎并形成糊状。

Step 2
- 加入除了芝麻油之外的其他材料。

Step 3
- 慢慢加入芝麻油并不停地拌匀。

Step 4
- 将上述蘸料倒入碗里，用米纸卷蘸着吃，味道很不错。

【食　材】

- 1汤匙茴香籽
- 1杯（250克）芝士酱
- 凉开水

【食　材】

- 4张方形的土耳其卷皮
- 3杯菜苗（蓬松地塞在杯子里）
- 半杯剁碎的腌仔姜片
- 2片腌制好的柠檬皮，切成细片
- 2杯（约250克）熟鸡肉
- 2个甜椒（灯笼椒），切成细片
- 研碎的黑胡椒

【步　骤】

Step 1

- 将茴香籽放入干的煎锅中，用中火烘烤至其开始爆裂为止。

Step 2

- 将烘烤过的茴香籽放入研钵中研碎，或放在菜板上用擀面杖压碎。

Step 3

- 将茴香籽的粉末与芝士一并放入食品搅拌机中混合，或先用叉子将芝士弄碎，然后加入茴香籽粉末。如果有必要，可以再加一些凉开水，以便保证柔滑的质地。

Step 4

- 放入冰箱冷藏待用。

【步　骤】

Step 1

- 在每张摊开的土耳其卷皮上涂上薄薄一层芝士和茴香粉。

Step 2

- 撒上菜苗、剁碎的仔姜片、切成细片的腌制柠檬皮、几块熟鸡肉、甜椒片及研碎的黑胡椒。

Step 3

- 轻轻地卷起来。

Step 4

- 切成5厘米长的小卷。

Step 5

- 上菜时将小卷立着摆放，这样客人们就能够清楚看到里面的诱人馅料。

芝士茴香粉
调味品与蘸料

茴香芝士土耳其卷
4—8人份

【食　材】

- 1汤匙米饭
- 2茶匙（10毫升）橄榄油
- 400克鸡肉泥
- 2汤匙（25毫升）鱼露
- 1根柠檬草（只需白色部分），切碎
- 6汤匙（80毫升）鸡汤
- 3汤匙（40毫升）青柠汁
- 4根大葱，滚刀切成小段
- 4根小葱或1个小洋葱，切成细片
- 3汤匙芫荽叶，切碎
- 3汤匙薄荷叶，切碎
- 少量辣椒粉（可选）
- 1杯菜苗
- 3汤匙未加盐的烤花生，切碎
- 1个新鲜小红椒，切成细片，用作装饰
- 几片柠檬

● 这道菜（也叫做"泰式薄荷鸡"）一般是将生菜细片或卷心菜细片铺在下层，而本食谱则用菜苗作为更好的替代品。

亚洲风味之
鸡肉泥
沙拉
4—6人份

【步　骤】

Step 1

● 将煎锅加热，倒入米饭，用小火炒3分钟，直至其完全变干或呈金黄色。炒好后，倒入研钵中，用杵将其捣成粉末状。

Step 2

● 用中火将煎锅或炒锅加热，依次倒入橄榄油和鸡肉泥，炒4分钟或炒至其变色为止。炒的时候注意不要让鸡肉泥结块。

Step 3

● 加入鱼露、柠檬草及鸡汤，继续翻炒10分钟。关火，待其冷却。

Step 4

● 加入青柠汁、大葱、小葱、芫荽叶、薄荷叶、辣椒粉（可选）和已研磨好的米粉。将它们混合均匀。

Step 5

● 将洗净的菜苗铺在菜盘里（根据个人喜好，还可以铺一些切成细片的生菜），然后将已制好的鸡肉泥沙拉堆放在"菜苗垫子"上。撒上一些花生末和小红椒，再在四周放几片柠檬。

玉米芝士
菜苗煎饼

【食　材】

面糊材料

- 1杯面粉
- 1汤匙发酵粉
- 1茶匙盐
- 现磨的黑胡椒粉
- 2个鸡蛋
- 半杯（125毫升）苏打水

其他材料

- 2杯玉米粒
- 半杯（125克）芝士屑
- 1杯菜苗（多种或一种均可）

【步　骤】

Step 1

- 将上述所有面糊材料混合均匀。

Step 2

- 加入玉米粒和芝士屑，搅拌均匀。然后加入菜苗，拌匀。

Step 3

- 静置10分钟。

Step 4

- 用中火加热平底锅，倒入少量油，加入一匙前面已做好的糊进行煎炸，直至饼的两面都变成金黄色。

Step 5

- 将煎饼从锅里捞出，放入盘中，加入一份菜苗沙拉。也可根据个人喜好，加一些酸辣酱。

玉米芝士
菜苗煎饼

可做约12个煎饼

【食　材】

- 2个苹果梨（又名中华丑梨）
- 2个牛油果
- 1/4杯（60毫升）鲜榨柠檬汁
- 4杯菜苗，品种可按你的个人喜好进行选择
- 半杯葵瓜子
- 本书第104页讲到的调料"格拉姆马沙拉"

【步　骤】

Step 1

- 将梨和牛油果削皮并切成薄片，浇上鲜榨柠檬汁。

Step 2

- 加入菜苗和葵瓜子。

Step 3

- 加入调料"格拉姆马沙拉"。

Step 4

- 拌匀即可。

梨、牛油果
与菜苗沙拉

4人份

【 食　材 】

- 2汤匙白砂糖
- 1杯草莓（根据草莓的大小，可将其对剖或切成四瓣）
- 1个橙子榨出的新鲜橙汁
- 4个西番莲果榨出的果汁和果浆
- 半把罗勒苗

罗勒苗
拌草莓
3—4人份

【 步　骤 】

Step 1
- 将白砂糖撒在切好的草莓块上。

Step 2
- 将撒好糖的草莓块与橙汁和西番莲果汁轻轻拌匀。

Step 3
- 静置15分钟。

Step 4
- 轻轻拌入罗勒苗，将一些带叶的嫩苗露在上层。

Step 5
- 将西番莲果的果浆挤在草莓块上，最后盛入漂亮的玻璃杯里即可。

罗勒苗
拌草莓

用罗勒苗拌草莓是一个比较新鲜的吃法。现在我们就来试试这个简单的夏日食谱。

【食 材】

- 1杯雪豆
- 炖汤用的香料
- 半茶匙盐
- 一大把冬菜，如甜菜、芥菜等
- 2个丁香大蒜，剁碎
- 2汤匙（25毫升）橄榄油
- 1杯已去皮去籽并剁碎的西红柿（罐头最佳）
- 半杯碎火腿
- 2杯混合菜苗（花椰菜苗、羽衣甘蓝菜苗、红球甘蓝菜苗、芥菜苗和芝麻菜苗比较适宜）
- 半杯（125毫升）鸡汤
- 1杯新鲜面包屑
- 4汤匙（50毫升）橄榄油
- 1/4茶匙盐

※ 本食谱如果与配有茴香末的口感松脆的蔬菜沙拉一并食用，会更加美味。

菜苗、雪豆焗冬菜
4—6人份

【步 骤】

Step 1

- 将雪豆在水中浸泡一整夜，然后倒掉水，将泡好的雪豆放入一个已装了3杯水的大锅，放入香料，炖45分钟，再向锅里加入半茶匙盐，继续炖15分钟。这时锅里所余的汤水就没有多少了（约半杯）。

Step 2

- 将冬菜洗净，去掉茎秆，将菜叶切成条状。

Step 3

- 将蒜蓉用2汤匙橄榄油炒一下，接着加入冬菜，再炒7分钟左右。

Step 4

- 将炖好的雪豆浓汤加入炒冬菜的锅里，再加入西红柿酱、碎火腿及菜苗。

Step 5

- 如果嫌上述混合物的水分过少，还可以加入一些鸡汤。

Step 6

- 抹一些橄榄油在一个直径约25厘米的烤盘上，将上述混合物加入到烤盘里。将面包屑、4汤匙橄榄油中余下的部分及1/4茶匙盐混合均匀，再平铺在烤盘里的混合物上面。

Step 7

- 在烤箱里以175℃的温度烤40~50分钟。

专业术语

● **芸苔属植物**

属于芥菜家族十字花科，包含花椰菜、卷心菜、羽衣甘蓝、芥菜、小萝卜等。

● **化合物**

两种或两种以上元素组成的纯净物。

● **子叶**

植物种子内极其微小的组成部分（完整的植物种子包含了子叶、胚芽、胚根等）。双子叶植物有两片肾形的子叶。而植物真正的叶子，则是从植物的茎长出的。

● **十字花科蔬菜**

属于芥菜家族十字花科，包含花椰菜、卷心菜、羽衣甘蓝、芥菜、小萝卜、水芹等。

● **二吲哚基甲烷**

在十字花科蔬菜（花椰菜、球芽甘蓝、卷心菜、白花菜、羽衣甘蓝等）中发现的一种植物营养素。

● **类黄酮**

一种水溶性植物色素（包括花色素），对人体健康有利。

● **硫配糖体**

一种广泛存在于芸苔属植物（花椰菜、卷心菜、羽衣甘蓝、芥菜、小萝卜等）中的物质。其存在使得某些芸苔属植物具有苦味。

● **木脂素**

一种植物化学物质，其作用类似于人类雌激素。

● **ω-3**

ω-3脂肪酸是在鱼类和植物中发现的不饱和脂肪。

● **菜苗**

比芽菜稍大一些，但又比沙拉用的绿色蔬菜（小叶类蔬菜、可食用花卉和药草都是很受欢迎的沙拉材料）更小。在两片由子叶发育成的小叶片萌出之后，便可称为"菜苗"了。有些比菜苗更小的籽苗也可食用。

● **病原体**

一种具有传染性的物质，比如病毒、细菌等，它们的存在将引起宿主的病变。

● **植物素**

又称"植物营养素"，是植物中天然存在的一种化合物。

● **植物雌激素**

植物雌激素（也称"大豆异黄酮"）是一类存在于植物中的化学物质，常见于豆类、谷物麸、亚麻仁、三叶草和苜蓿。

● **莱菔子硫/萝卜硫素**

一种常见的抗氧化剂，常见于十字花科蔬菜，如花椰菜、卷心菜、羽衣甘蓝、芥菜、小萝卜、水芹等。

△ 菲欧娜·希尔

致谢
感谢以下人员及机构对本书所作的贡献
- 布莱恩·弗拉哈迪
- 克莱尔·班尼特
- 戴安娜·安德森
- 多萝西·莫媞
- 杰拉德、芭芭拉·马丁，皇家种子

- 格兰特·艾伦
- 格雷·林恩社区花园
- 杰德·法希，约翰·霍普金斯大学
- 皇家种子
- 科伯特生物系统
- 琳达·赫连
- 迈克·唐尼尔
- 彼得·夏普
- 博比·康斯坦丁
- 雷·德怀尔
- 罗伯·巴恩、简·范贝克，科伯特生物系统
- 莎莉·塔格
- 雪莉·安德森
- 塞拉·唐尼尔
- 塔卢拉·唐尼尔
- 蒂姆·黑尔，加顿研究所
- 特蕾西·伯格菲特
- 爱丽丝·贝尔

照片摄制人员
无特别说明的照片均由本书作者提供。
- 本书第23页、62页的照片由弗朗辛·卡梅隆（www.francinephotography.co.nz）提供。
- 本书第17页（上图）、19页（左图）、88页、91页的照片由迈克·唐尼尔提供。
- 本书第8页、51页、94页、98页、100页、102页、105页、108页、110页、111页、114页的照片由莎莉·塔格提供。